UI视觉与插画

APP | 电商 | H5 | 小程序 | 网页 | 游戏

视觉升华实战

付尧 编著

清华大学出版社

北京

内 容 简 介

UI 设计理论与技法，已经到达了相当完善的水平，传统 UI 设计很难有大的视觉突破，而插画风格的 UI 设计，可以立竿见影地改善 UI 视觉的干涩与千篇一律，于是，UI 插画很快成为了 UI 设计师的常备技能。

本书就是这样一本关于 UI 视觉设计中关于图形、插画的案例解析教程。阅读之后你会发现，单一的软件操作在创意思维的引领下将创造出更有品质的设计作品。

本书共 10 章，非常详尽地讲解了扁平风格插画在设计中的技巧以及各种风格把控要义。内容分为 4 部分，分别为关于 UI 设计、插画设计在 UI、插画风的 UI 周边设计、插画设计在行业（案例），包含人物设计、场景设计、UI 图标设计、字体设计、H5 电商设计、网页插画设计、小游戏 / 小程序设计等。除了详细的案例解析，本书还会解读一些国内外优秀作品，让读者从中感受更多关于 UI 视觉设计的创意灵感。

本书适合想进入 UI 行业的职场小白学习，也可作为 UI 从业者的职业突破参考书和 Photoshop、Illustrator 软件爱好者的案例学习参考书，还适合作为院校教育、社会培训、企业内训的教材。

图书在版编目（CIP）数据

UI 视觉与插画：APP/ 电商 /H5/ 小程序 / 网页 / 游戏视觉升华实战 / 付尧编著 . —北京：清华大学出版社，2021.10

ISBN 978-7-302-59070-5

Ⅰ . ① U… Ⅱ . ①付… Ⅲ . ①人机界面—程序设计 Ⅳ . ① TP311.1

中国版本图书馆 CIP 数据核字 (2021) 第 176212 号

责任编辑：栾大成
封面设计：杨玉兰
责任校对：胡伟民
责任印制：宋 林

出版发行：清华大学出版社
  网   址：http://www.tup.com.cn，http://www.wqbook.com
  地   址：北京清华大学学研大厦 A 座   邮 编：100084
  社 总 机：010-62770175   邮 购：010-83470235
  投稿与读者服务：010-62776969，c-service@tup.tsinghua.edu.cn
  质 量 反 馈：010-62772015，zhiliang@tup.tsinghua.edu.cn
印 装 者：北京博海升彩色印刷有限公司
经 销：全国新华书店
开 本：170mm×240mm   印 张：21.5   字 数：525 千字
版 次：2021 年 12 月第 1 版   印 次：2021 年 12 月第 1 次印刷
定 价：128.00 元

产品编号：089963-01

前言

文|付尧

创作背景

UI设计理论与技法，已经到达了相当完善的程度，似乎跟着设计流行风格微调就可以了，最多要求UI设计师多掌握几个软件工具。

很多设计群都在讨论，UI设计到头了吗？传统UI设计很难有大的视觉突破，看一下华为最新的鸿蒙系统，你能看出它与安卓界面有很大区别吗？

而插画风格的UI设计，可以立竿见影地改善UI视觉的干涩与千篇一律，于是，UI插画很快成为了UI设计师的常备技能。如下组图是https://dribbble.com中搜索的插画风格的UI设计，可以明显感觉到：养眼。

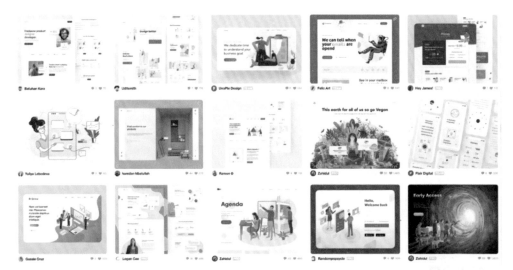

任何视觉设计都需要考虑诸多因素，如品牌契合、体验等。但是，并不是说未来的UI设计必须佐以插画，比如车机UI设计，就不适合掺杂过多的插画，车机界面讲究整洁、交互快捷、安全。

再谈谈UI设计师从业问题。大家有没有感觉到，UI设计师开始拼学历了，大厂招聘的相关岗位已经从名校硕士起步了，这其实也在一定程度上反映出前面提到的问题：UI设计到了瓶颈了。

作为普通高校毕业生，你如何跟名校设计师竞争？那一定是要有拿得出手的作品。而当下，立竿见影的提升方式就是插画+UI。

这就是本书的创作背景。

关于设计软件学习

我是一个美术设计专业的毕业生，当我发现有Photoshop绘图软件和Flash动画软件时就开启了我的软件学习之路。但是，很多优秀的设计作品不仅仅是软件的运用，更多的是内心的表达和创造。在北京从事设计工作12年，发现在软件学习方面全凭工作需要，所以我并不是一直买教程学习，反而是更相信实战造英雄，所以在这本书里我想分享给大家一种学习习惯。

这里会有很多人好奇我最初的软件学习是如何开始的，这点跟学校老师要求我们完成一幅作品、一套作业有直接关系，或许这也是很多设计师的起步。设计技能的学习和提升需要有一个"热爱"的开始。当我在计算机设计（CG）杂志或《艺术与设计》杂志上看到学长或一些CG艺术家的作品时，作为同专业的设计者是非常向往的，所以会找一些设计类网站或者设计论坛，"爬"一些大神的设计文章，寻求些高效的设计绝招。工具不在于多，而在于精。我最开始学习的软件不是Photoshop，而是CorelDraw，用得最多的操作是钢笔或者套索工具，上色用得最多的是透明形式的渐变。在起步阶段，你会发现软件使用技巧的提升速度与练习时长成正比，所以那些简单枯燥的练习很有必要。如果设计的内容是你感兴趣的，则会锦上添花，甚至会帮助你提升得更快，而不至于就此终结你的设计之路。熟练之后是发现问题的开始。这是设计的第二阶段，这个阶段需要不断解决问题，也是开始对自己作品提出要求的时候。无论是临摹还是创作，出现的大多问题会来自主体物的形状与色彩搭配。这个阶段需要设计者解决自身对形的把控问题，解决问题的办法有很多，例如借助互联网的素材库、实物照片，解决设计中构图、动势以及配色等问题。如果想设计出令人印象深刻的作品，就需要提升自己的整体能力，这就像游戏中通关的进阶阶段。继续熟用软件，加强对作品完整度的考虑、画面质感的追求，以及创意逻辑、用户思维和用户体验的深入，都会让你成为一个有能力、有担当、从全局思考的设计师。设计的学习就像爬楼梯，一个台阶一个台阶地走，一个脚印一个脚印地留。坚持就是胜利，必须有坚持的过程，方能成就高度。

我并不是职业网师，但是12年的互联网和移动端工作经验告诉我有些事情是可以做的，例如替一些设计者解惑。在过去3年的教学经历中，我见过很多设计者：有的人求知，有的人求技，有的人打酱油。UI行业的飞速发展，带来的业内薪资优势大家有目共睹，这是一个很好的学习目标。有的人带着热情，作为能力并不全面的设计者在学习网络课程中不断完善自我，从而能更好地创作出具有创意性的作品，这类设计者的共同特点是坚持不懈。任何事就怕半途而废，每次学一点停一点，走走停停之后好像你什么都懂一点，其实什么都没深入，也没了高度。所以这本设计书会让大家从每个完整的案例中学会一个简单的操作轨迹，时间不长，难度不高，操作轨迹相同却又能推出不同的视觉效果，这也是设计的活学活用。经过反复练习你就会发现，当你能打出一套组合拳的时候，量变到质变的提升效果终将浮出水面。

本书的创新性

1. 本书的前三章分别介绍了作为视觉设计师需要了解的UI行业流程，扁平风格插画的不同形式，以及扁平风格设计作品在多种艺术形式下的衍生品。这三章内容的介绍就像找对象，你需要先大致了解对象的基本条件，例如身高、体重、样貌和家庭条件。紧接着是接触，两个人合不合适需要互相接触，在接触的过程中你会发现在生活中对方有很多与你并不相同的经历，但最终的"三观"是一致的。

2. 这是一本针对UI视觉设计中插画部分所做的案例教程。案例部分做了细分，例如第4章人物部分，不仅讲人物从头到脚的设计思路以及人物姿态，还会将人物与场景结合，生成完整的Banner案例。卡通形象部分设计中，会讲从扁平风格到手绘风格的轻松转换。在第5章场景部分除了让大家学会量化素材，还有如何去拓展思路，通过欣赏其他设计师的作品得到更多灵感。

3. 打好基础，学会独立面对项目。本书中的案例除了对常规UI设计中图标、页面的讲解，在后半部分还非常详尽地讲解了设计项目从最初思考的草稿，到之后一步步搭建，再到调整完成的过程，以及掌握必要的字体设计技巧，例如修改字体和手写字、3D字体的设计。行业内有句话是"技多不压身"，但技能多且更具备专业性，才是作品完整度的良好基础。

希望大家不要荒废时光，即便是疫情期间，也要多学习，多读书，多思考。如果要永葆设计的青春，那就一起加油吧！

业精于勤荒于嬉，行成于思毁于随。最后希望大家能深刻理解这句经典名言，点亮自己心中的目标，义无反顾，勇往直前。

付尧（扶摇直上）于沈阳

本书约定

- 本书写作和操作基于苹果电脑（Mac），软件界面与PC基本一致。提醒注意：在快捷键的使用上，Mac的Com键=PC的Ctrl键。

- 本书中，Photoshop简称为PS，Illustrator简称为AI。

- 本书部分素材和部分源文件，请扫码下载。

- 本书内容尽可能保留干货，操作步骤仅保留关键步骤，比如带参数的步骤，具体操作请到相关章节中扫码观看操作视频。

关于
作者

　　毕业于沈阳大学师范学院美术教育系。毕业后选择"北漂"，起初并不顺利，在北京最初的20天里，跑了将近20家公司面试，但最终因为种种原因没有做任何选择。趁着过年回老家待了三个月。这三个月是将能力转化为作品最重要的阶段，创作了新的插画在杂志上发表，重新整理编排了作品，再次回到北京，机缘之下进入了互联网行业。看似一切顺遂，而实则都是因果。从事互联网设计工作12年，在行业沉浮。在新浪网接触到了桌面产品，接触到了国内顶级的界面设计团队，学习到他们对设计的严谨和创新，受益匪浅。2010年前后移动端兴起，这是一个新鲜的创作载体，有着光鲜的视觉和有趣的设计，随即转入，一晃至今。

　　从大学开始，对动画的喜爱十分疯狂，所以经常会做一些零七八碎的设计。参加工作之后，并没有觉得有什么特别，只不过在项目创作中会经常掺杂一些奇思妙想，让某些项目设计更有趣。

好友推荐

全链路设计已经成为趋势，也对UI设计师提出了更高的要求。插画视觉能力已经成为标配，本书从绘画基础到设计理论，深入浅出地讲解方法论，案例非常实用。老付对于设计细节的追求是近乎苛刻的，设计细节的把控度在书中都有所呈现。粉丝过百万的她，在本书中抛开繁复的表述，用最直接的设计技巧展示插画设计的进阶之路，非常推荐正在学习视觉插画的你。

——刘月辉　首汽约车　设计总监

设计与艺术结伴而行，这本书体现了大付对不同文化绘画风格元素的借鉴，每件作品不仅有设计上的创意点，更有背后的文化和艺术风格脉络支撑，将行业不断地吸收融合时代的敏感性，形成了大付独特的设计风格。这本书不仅仅是工具书亦可以是视觉角度的一本收藏书。

——崔大振　共振艺术空间　艺术家

用户界面里的插画设计是一款应用的点睛之笔。用一些灵动的、形象的、好玩儿的、可爱的、能被人记住的插画形象串起整个App，让用户产生代入感，这是设计师的使命。一个演员获得的最高评价是她演得真实，一款App获得的最高评价则是不需要思考，它就该在那里。插画是无需词藻堆砌的情感描述，代表设计师的理念，也在给用户传达统一的认知。本书内容轻快有趣，将实例与理念结合，写出了作者的所思所想。这，也许正是你的所思所想。

——蓝鹊　微博前资深设计师

数字端平台成为了产品品牌与用户重要的沟通体验触点，品牌的数字化日渐成为设计师的重要命题，国内互联网的迅猛发展让技术、场景与人群细分越来越趋向成熟，但在正向影响的同时也让差异化的视觉表现成为难题，从UI设计中可见一斑，我们会看到每年有越来越多的跟随流行趋势的趋同风格出现，设计师正在失去创作的灵魂与动力。很难得，在浮躁的环境下，仍然有老付这样的家伙愿意静下心来帮助后来者梳理、分析、总结和分享插画的技巧与创作方法。让设计师在创作上不再是绘图机器，而是再次回到用心创作的道路上。

——杰西　设计咨询公司合伙人

目录

PART 1　关于 UI 设计

第1章　UI 设计前景及趋势 **1**

01-01　UI 的灵魂——插画设计 2

01-02　UI 的设计流程 11

01-03　UI 的设计规范浅谈 15

PART2　插画设计在 UI

第2章　UI 中的插画浅谈 **23**

02-01　插画的价值 24

02-02　设计需要的习惯 26

02-03　UI 插画中的风格 30

02-04　插画必备软硬件工具 37

第3章　从点线面开始 **40**

03-01　设计的起"点" 41

03-02　线的可塑性 45

03-03　"面"上那些事 51

03-04　视觉中的色彩 57

3.4.1　色彩的三要素 57

3.4.2　UI 设计中的色调 64

第4章 卡通/人物设计 **73**

04-01 卡通形象设计 74

4.1.1 动势与比例最基础 74

4.1.2 扁平人物从"线"开始（AI） 82

4.1.3 渐变人物小品（AI） 88

04-02 Banner中的人物（AI） 90

04-03 卡通——猫 103

4.3.1 插画中用AI线条起稿 105

4.3.2 从扁平风到手绘风（AI+PS） 108

4.3.3 手绘一只猫（PS） 111

4.3.4 喵星人的表情包（AI） 114

第5章 空间/场景设计 **122**

05-01 插画场景 123

5.1.1 一棵盆栽（AI） 123

5.1.2 素材里的一片丛林（AI） 127

5.1.3 场景小品（PS） 132

05-02 风格转变与光源运用 138

5.2.1 风格转变——盖小屋（PS） 138

5.2.2 插画场景中的光源运用（PS） 145

5.2.3 场景中的植物系（AI） 148

PART 3 插画风的UI周边设计

第6章 UI图标设计 **162**

06-01 从UI图标入门学习 163

6.1.1 应用图标小常识 163

6.1.2 PS软件UI特训 165

6.1.3 所谓轻拟物（PS） 169

6.1.4 轻拟物——渐变的升级（PS） 177

06-02 "重"拟物设计 192

6.2.1 如何增加材质（PS） 194

6.2.2　相机案例（PS） 199

06-03　风格偏向设计 211

6.3.1　晶白风格（PS） 211

6.3.2　水晶风格（PS） 218

第 7 章　字体设计 **224**

07-01　字体艺术 225

7.1.1　英文字体中的混合 226

7.1.2　英文字体混合实践（AI） 226

07-02　手写字浅谈 237

7.2.1　毛笔字（PS+AI） 238

7.2.2　Q 版字体（AI） 242

7.2.3　3D 字体设计（AI） 245

7.2.4　手写艺术字体（AI） 247

7.2.5　三维空间字体设计案例（AI） 250

PART 4　插画设计在行业（案例）

第 8 章　电商类插画设计 **254**

08-01　电商插画灵感与设计 255

08-02　手绘风格——双十一购物节（AI+PS） 258

08-03　新年活动——闪屏页面（AI+PS） 271

08-04　插画在不同用途中的转换（PS） 278

第 9 章　网页插画设计 **292**

09-01　电商设计师的自我要求 293

09-02　网页设计速成 294

09-03　电商头图设计（PS+AI） 298

第 10 章　小程序 /H5/ 小游戏 /App 插画设计 **304**

10-01　小程序 /H5 插画设计（PS） 305

10-02　小游戏插画设计 308

10-03　App 插画设计（PS） 312

PART 5　行业围观

附录　设计师作品整理集 **315**

5-01　学生作品选登 ·· 316

5-02　抗疫作品选登 ·· 322

5-03　UI 设计师面试宝典 ·· 324

5-04　UI 插画设计资源 ·· 329

1
PART

关于UI设计

第1章　UI设计前景及趋势

UI 的灵魂——插画设计

电子商务的迅猛发展形成了如今UI行业的崛起，品牌如同连理枝在新液态的环境下衍生出新的设计形式。设计服务逻辑需要从品牌自身出发，围绕用户体验与用户产生互动交流进而形成好产品，这样才能真正为品牌创造出长尾价值的好设计。视觉设计的发展也受很多流行文化和社会因素的影响而发生变化。在2021年的今天"繁"与"简"的设计理念在设计界仍然被设计师不断地刻画并颠覆。当然如今的UI视觉还有一个势不可当的趋势那就是插画视觉的冉冉升起。它们在各大品牌的设计中代替以往繁复的写实拍摄，以主题性极强的漫画、插画风带动产品形象，产生新的视觉体验。下图为2020年与2013年不同视觉对比，产品图在有插画的带动下更加生动。

2020 春节 QQfamily 新春鸿运福卡—锦鲤附身

2013 引导页发版春节我们来了

　　如今商业性比较强的品牌在树立互联网形象过程中也大量吸取UI插画风格，极尽所能地让品牌更具亲和力与人性化。如下图中Web页面设计，设计师利用插画的故事性和表现风格，针对产品的品牌定位，运用恰当的色彩与画面巧妙配合，并向用户清晰地传达了页面中品牌的意图，这类页面设计会让有需要的用户能更真切地感受到产品的用心和细心。同时从商业成本的角度出发，减轻了产品在品牌推广过程中的高额费用负担，同时因为有了插画的存在，可以及时针对如今高效的品牌推广环境及时调整插画主题以更好地迎合市场需要。

作品源自互联网

　　下图针对节日各个产品所做的常规启动页面，无论是旅游过大年还是小米之家的年夜饭主题，抑或是百度钱包的单车圣诞节搞笑插画，以及锁屏页面寒冬腊月过大年的鞭炮即将炸响的插画，无不传达出产品独有的情感。在如今活动年年有今年特别多的营销追赶下，无论是大牌的定时营销还是小众品牌的蹭话题、蹭热度，插画都是各企业表现方法中最高效的手段之一。

作品源自互联网

下图为腾讯动漫引导页，天马行空的气质一目了然。如今动漫产业已成为文娱产业顶梁柱之一，目前我国二次元消费者高达2.7亿人次，国内动漫衍生品市场规模预计将在2020年达到800亿元人民币。近年随着动漫产业快速发展，带动大量的产业链条，如动画影视、游戏、漫画、展会、视频直播、周边产品等产业。作为如今甚至说是未来都将热门的行业，业内人士表示，消费者对动漫衍生品的需求量不断增长，将给动漫周边产业的发展带来巨大前景及利润。

作品源自互联网

如今的动漫迷对动漫的热情有增无减，《王者荣耀》这款手游有多火爆自不用多说。其2015年11月发布后，被很多玩家"种草"，人物原型源自生活自产自销，因此产品的可塑性和人物性格自然带动了故事性的发展。故事性可以通过不断地转场来完成步步带入，插画则是在单幅作品中更加精细的描述，毕竟插画的性质就是为了完成漫画不能完成的精细部分。所以下图中王者荣耀的游戏启动页设计就是一个很好展示。不得不说在动漫产品类应用设计中插画的运用要更专业，甚至要高度符合原画或厚涂的基本素养才行。

作品源自互联网

下图为《王者荣耀》边境突围活动中的宣传海报，虽然游戏类型的应用素材库中会有一定的原画支撑，但是页面的合成部分还是需要设计师巧夺天工，能"原画"的设计师是真的好设计师。

作品源自互联网

除了游戏类型的应用，下面我们来看插画与动画结合产生视觉交互的案例，又称H5页面设计。下图是网易文创哒哒联合广汽丰田推出的H5页面，主题为：后浪自查手册。2020年终将是不平凡的一年，"后浪"这个词源自2020年bilibili推出的演讲视频。似乎时代的脚步总是让人们明白前浪的稳重与后浪的热血形成完整的成人世界，任何一个浪花都很重要。

后浪自查手册让参与的用户不断回忆一路学习成长进入职场的过程，并被贴上标签配合汽车的软植入。插画似乎不是必需品，但会插画的UI视觉设计师才是优秀的。因此"后浪们"需要在无休无止的大潮中披荆斩棘，滑出一道属于自己记忆的浪潮。

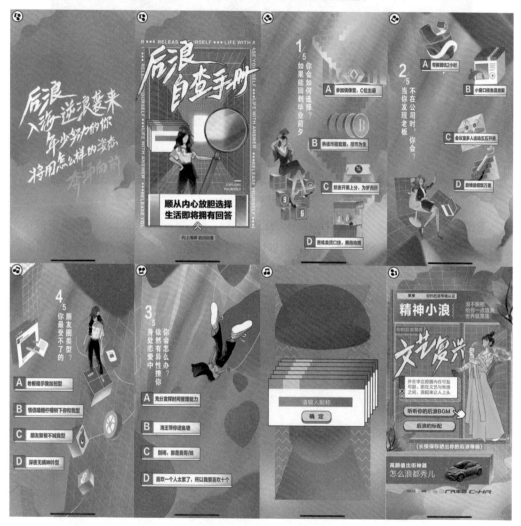

网易文创哒哒 & 广汽丰田：后浪自查手册

　　下面三张图又称活动海报，或者H5页面，后两张页面截取视觉部分。首先第一张H5页面是动态带交互效果且文案太多，这类型页面对插画的故事性、连贯性要求很高。后两张页面属于静态页面，取决于产品的宣传定位，例如活动详情、产品介绍、更多产品分流入口，等等。平面类型的页面设计多以头图和详情信息排版为主。下图中无论是单屏页面还是长页面，插画加花式排版的视觉组合尤为突出。

作品源自互联网

所以无论是引导页、闪屏页、活动、专题、Banner等形式（如下图所示），没有插画的UI设计是没有灵魂的。用户需要产品视觉的吸引和设计者传达给用户的情感感召。如果一个UI设计师认为设计仅仅是排版，那似乎低估了行业的残酷性。那些月薪过万的设计师会暗自发笑，摇摇头说：别傻了哥们，这是一个需要真材实料才能扶摇直上一飞冲天的职业。

　　既然聊到UI设计师，大家应该知道UI设计师的涉及范围包括高级网页设计、移动应用界面设计，是目前中国信息产业中最为抢手的人才类型之一。随着科技的发展，智能手机、移动设备的普及，也促使UI行业越来越火。当然更主要的原因是市场需求量有增无减，很多社会服务类应用如雨后春笋般强势生长，势头迅猛不可阻挡。所以UI设计者的行业需求一目了然，但学习能力与实力并行的人才，才是行业更需要的。如果作为小白，你只知道摆摆页面，让你去做些宣传图或者活动主题页面画幅插画就两眼发直，想想后果有多可怕自不必多说了。因此学好插画有多重要不言而喻。

　　作为大学生或参加工作有些年头的职场新锐们，大家对职业有规划吗？就像喜剧小品中的一句台词：梦想实现了叫梦想，没实现那叫白日梦！著名经济学家戴尔·麦康基说："计划的制订比计划本身更为重要。"人生真的很快，不会等你过多地驻足停留，不会让你享受过多的下午时光，不会让你无休止地享受青春，这一切就是现实，也衬托出青春的珍贵。当你在公司无休止加班的日日夜夜，当你陪客户聚会的分分秒秒，在你不得不为生计辗转于招聘会的时候，职业规划对未来迷茫的人就显得尤为重要。

　　个别有为青年会在大二暑期开始寻找实习机会，大三进入专业的职场实习并成为骨干，大四毕业顺利进入大企业或有职业发展的公司就职，有些甚至直接成为合伙人变成CEO。别人的成功不是因为抓住了更多机会，而是面对未来的生活和职业有着强烈的进取心和严格的规划，或者说有目标就有奋斗的动力，不会每天活得浑浑噩噩，一生只有一条轨迹。曾经我的一个同事，年龄不小快奔四还考了个MBA，她是个前端工程师，每年元旦会给自己拟定这一年做10件事的目标，例如坚持每天早起背10个单词，一件一件的坚持做，今年做不完明年继续努力。这个世界不缺少努力求知的人，最可怕的是比自己优秀的人还在努力学习。当你心浮气躁的时候，对工作满肚子抱怨的时候，请多去反省自己，也多去思考，努力解决问题，相信知识的力量，同时不断丰富自己的头脑，并相信未来的自己一定会更出彩。

　　路的长度不在于别人怎么说，而是自己如何坚持走下去，并不断拓展业务能力。我曾经面试过一位女士，她之前的工作是做线下活动设计，例如海报和展板设计等，工作了5年然后去结婚生子，孩子上幼儿园后她也准备出来工作，可这一晃离开职场4年，33岁的她想进入UI行业，仅仅靠曾经的作品，显然不够。我们要清楚一点，职场其实就是战场，离开了再回来，如果没有过硬的实力或一技之长，想走远绝非易事。更何况如今很多电商企业都要求有3年以上的插画经验，这似乎成为了进入UI面试的基本要求。机会给有准备的人，如果你还没有准备显然已经错过了一切。下面来看一下当前设计趋势（下图来源于花瓣）。

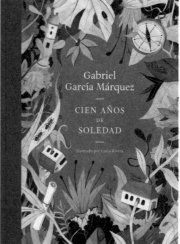

Gabriel
García Márquez

CIEN AÑOS
DE
SOLEDAD

Ilustrado por Luisa Rivera

TRAVEL OF NOVEMBER

UI 的设计流程

UI设计流程是什么？作为新手如何设计出更符合用户需求的设计，这就需要依据产品流程来制定设计流程。那么在了解产品流程之前我们必须先了解整个团队架构，或者叫团队合作。毕竟正确的工作流程是提高设计效率的前提。任何一个产品都不是靠一己之力来完成的，需要整个团队上上下下全体人员合力完成。因此遵循团队合作精神是团队每个工作人员的使命。很多小伙伴不清楚UI的工作流程，接下来小编先给大家梳理一下一个移动端产品团队需要哪些分工（下图），对团队分工有概念之后我们再聊UI产品的流程大家才不会觉得蒙。

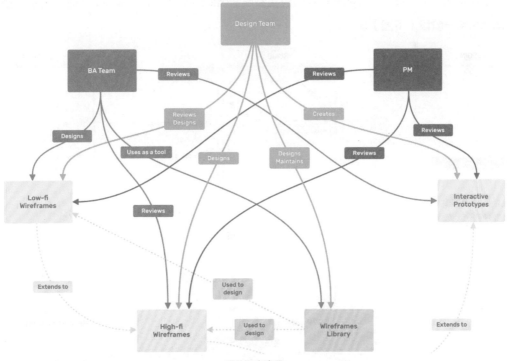

团队配合流程

首先是团队结构，大家都知道任何产品设计很少有靠一己之力完成的，所以一个完整的产品团队需要至少以下几个部门来配合产品的研发。一是**产品部**，一个梳理完整产品核心流程的部门。二是**技术部**，一个能够搭建好用且高效的数据平台的团队。三是**营销部**，针对品牌旗下的产品全力推销的部门。四是**设计部**，带给产品无上想象力的团队。五是**客服部**，例如一个旅行类的应用，网友订单出现问题，客服同学是维护产品和品牌形象最好的团队。看似每个团队各有分工实际就是共同打造产品的一个集体。所以团队合力解决问题，高效沟通是必不可少的。当然这些部门是一个产品最核心的部门，围绕公司还会有其他部门来维护。

下面进入UI流程。众所周知移动端的产品类型繁多，符合市场发展需要的，能为社会服务同时带来经济利益的产品才是开发者所热衷的目标。因此好的产品需要做非常细致的前期调研，针对目标用户获取更多用户需求，评估产品可执行度以及未来所带来的社会价值。当一切条件准备就绪，这时就需要产品团队来梳理周密的产品逻辑，将用户所需所求巧妙地串联起来，形成原型图交给设计师。交接的过程是一个反复沟通的过程，同时也是大家对产品逻辑提出看法的过程。

另外UI设计师还要进行软件的人机交互、操作逻辑、界面美观的整体设计工作。设计中要考虑目标用户的不同，引起交互设计的重点不同。同时UI设计师需要提升产品品质，将完整的视觉图呈现给技术开发团队以提供真实参照。因此对于UI设计师来说，沟通、分析原型图就是第一阶段（下图）。

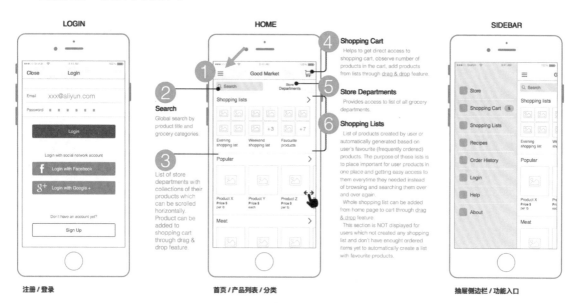

网络原型为例

上图是一个手机端超市App的原型图，设计师拿到原型图就需要对产品展开交互思维的考虑，下面我们从第一个注册登录页面开始分析一下。

- **注册登录页面**：常规的设计如原型图所示，只要将用户的注册和登录内容排版好，将空间、背景色调、背景质感设计出来就完了。实际上这个部分用户所看到的只是一个页面，但设计师需要考虑很多意外状态，例如登录信息输入提示，登录时用户信息输入错误页面提醒，忘记密码与注册button或文字链接形式。这些只是一个初级考虑。深入考虑包括注册信息的详细页面跳转，找回密码失败用户如何登录等这些页面的设计。如果产品在开发过程中有完善的登录信息系统，那么设计师就不用考虑这些，如果是一个新产品，那就必须考虑到更多。

- **首页**：HOME页面是所有App界面中最重要的展示页面，判断产品好不好，好看也是很重要的因素。这里的好看不仅仅是样子，还包括卡片是否用圆角、页面布局用哪种形式展示最优化、字号大小、色值变化等更多细节。在这里HOME页面需要跟产品沟通的一些关键环节如下：上图中❶抽屉式菜单内的内容形式不宜过多；上图中❷搜索一般在页面最上方通栏展示；上图中❸产品分类展示是要用左右滑块模式还是更多跳转页面模式取决于内容多少；上图中❹购物车在页面右上角是否有更新提示；上图中❺整体商店部门分类并不能与搜索齐平，可以从底部菜单进入；上图中❻箭头代表页面会有更多信息，因此下方的左右滑动的手或许有些出入，设计中可以根据具体信息多少再来考虑。

- **侧边栏页面**：这部分设计可以参考Google邮箱等App，侧边栏的形式有很多，例如九宫格、六格，以及上下排列形式，侧边栏的展示往往是因为应用功能过多，从而作为分类形式的一种展示。如果分类过长产生滑动，可能会对用户体验产生影响。所以设计需要跟产品密切沟通做出最合适产品的视觉界面。

- **商品列表**：列表页的重要程度仅次于首页，一个App想要找到用户心仪的商品，其一是搜索打直球，其二是列表，在翻看过程中发现自己喜欢的一类商品，毕竟列表是商品总类的集合。对产品的分类如电商类应用，很多时候左侧是文字形式的表单，右侧作为展示，这里大家可以参考淘宝。如果没有太多商品那么下图商品列表中红色箭头所指的分割方式就不适用了。可以选择通栏展示的方式或者放大产品图的展示方式，例如家具店的商品桌子，无非采用材质、尺寸、颜色作为区分。所以在列表页大家只要做对"多"和"少"类型的分类展示就好。

- **搜索**：搜索是很多应用必不可少的功能，因为很多电商类、产品类型的应用内容繁杂，信息比较多，用一个全站搜索功能，能大大提高产品的易用性。因此搜索过程中出现关键词推荐和以往关键词搜索的历史记录，这两者如何展示，需要针对产品的形式进行探讨。

- **加入购物车**：Drag Product Here To Add ToCart，PM建议拖动产品添加到购物车，有些时候用户的交互形式往往需要培养，就像以前人们回家都会用钥匙开门，忽然有一天用指纹开门了，可找钥匙的动作还会持续一段时间。任何新的用户习惯都需要时间积累。另外这个操作大家有没有感觉像电脑的操作习惯呢？对于产品的理解一定是多思考，多沟通，适时表达自己的看法。让更多人看到UI设计师的交互视觉兼备的能力。

- **更多商品**：如今产品图的展示颜值是加分项。其分类方式应根据整体产品的多少，毕竟越大的图对视觉要求越高。

商品列表（蔬菜、水果、肉类）

搜索（关键词、分类推荐）

加入购物车

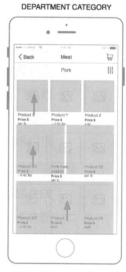

更多商品分类（肉 - 猪肉）

当然一个应用设计不会就这几类页面，作为UI流程来说却足以告诉大家，保持产品思维和有效沟通是工作流畅的开始。UI视觉设计师就像一个翻译，需要将原型图翻译成视觉效果图，翻译出来"开发"的视觉效果图做给"用户"用。这个过程不该闭门造车，而是多听取大家对产品的看法。俗话说，三个臭皮匠顶个诸葛亮，团队的力量是巨大的，尽量避免孤军奋战和英雄主义。最后版式方面的技能就属于设计师的自我修养范畴，多看多思考多积累经验。

UI 的设计规范浅谈

1. 设计规范

顾名思义就是视觉提供的设计规则，例如使用哪些字体、字号多少、界面颜色限定、布局尺寸、图标等。规范的形成需要先将主视觉和几个主要页面的设计敲定之后再开始着手。其中主要页面包括：**主视觉页面**、**列表页面**、**功能页面**、**产品详情页面**、**个人信息页面**等。规范的目的是让开发者看到固定的板块形式，可以让应用界面在使用时整体统一。

无论是整个App的设计者还是后来加入的新人，规范的意义非常重要。规范对于设计师来说就是一本工具书。产品有什么样的视觉呈现和元素定义，都有可遵循的标准，保证日后升级或迭代中仍然可以延续产品的一贯品质，最大限度保证产品的一致性。有了视觉规范无论是iOS系统还是Android系统，都只需要按照产品的特质来定义界面、延展界面，同时适配两大系统即可。下面我们就来说说规范的标准和对产品细节的思考。如下图所示。

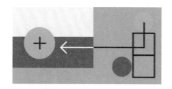

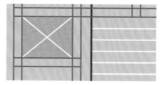

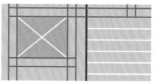

颜色

色彩系统

布局

响应式布局网格

版式

类型系统

　　Google-Material Design和iOS规范，都是非常好的学习参考，特别是Google的规范，大家可以浏览material.io网站得到很多关于UI设计、用户体验设计、交互设计方面的知识。网站会从产品的角度非常细致地讲解领先的交互思路，以及一些实验性质的交互思考，除了有非常规范的界面参考，很多时候Google在做关于人机交互所产生的各种设计习惯时都做了详细讲解。从逻辑上告诉大家如何将设计与产品使用习惯相结合。例如响应式设计，在只改变宽度的情况下适配各种页面、载体等。

　　其实当我们还沉浸在页面的排版、视觉等这些小细节的思考时，Google则已经在考虑如何能让手机读懂每个人的习惯，甚至产生未卜先知的判断，从人机角度出发思考二者的互动、互联、互通。所以要想成为优秀的视觉设计师，更需要有对事物的敏感直觉和对产品的细微体验，才能更深入地做出优秀的设计作品。如下图所示。

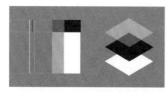

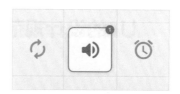

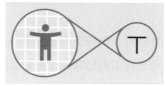
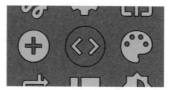

Google-Material Design

首先以Android系统的界面为例聊聊如何学习。下图的页面局部，两边绿色部分规划出内容区与边缘的距离。中间❶和❷是删格部分，❷为删格划分页面的空隙。很多时候大家看到的是页面最终效果，所以很多设计者会忽略边缘的宽度而直接考虑页面内部板块或卡片的宽度，甚至有的设计者不用删格的方式设计，这样也就产生了很多并不严谨的页面。规范的设定能让很多模糊的部分变得清晰。有时候艺术是随性的，设计也是。如果一个页面从最初的理性入手，那么这样的页面会缺少生动活跃的部分，如果设计从理想入手，或许会产生不错的灵感。

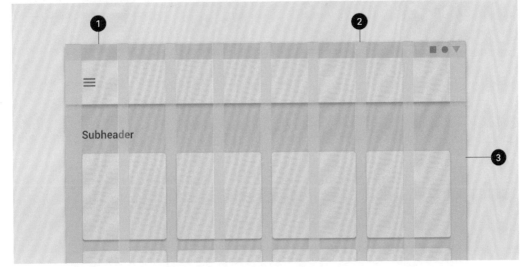

1. 列、2. 装订线、3. 边距

2. 图标

再看下图，这里图标设计需要利用网格或参考线留出边缘安全区域进行设计。a是一个像素，a×24就是24磅，R和W是2a就是2磅。我们知道用icon设计非常严谨，相差一个像素都会产生不同视觉效果，这里以宽形、长形、圆形、方形为例做了对比，比较人们眼中对形的视觉区域差别，长形的圆角是2个像素，在设计面积上圆形外围大于方形1像素。将图标最终缩小之后的效果在顶部导航显示。这里的参考线不管是使用Photoshop设计还是Illustrator都作为辅助参考。

关于图标规范制作最多的就是系统图标，这类图标本身因为功能决定设计形状，一般需要整套设计。功能性图标每一个都有固定意义，需要高度浓缩并快捷传达信息、便于识别和引导。必须降低用户的理解成本，并提升界面的美观度。功能性图标区别于App store里的应用图标，这里应用图标的尺寸受各大平台和手机端限制尺寸方面会有区别。功能图标的设计主要从视觉的统一、整体简洁、差异化、具象性角度出发，一般都不会出现太大问题。应用图标的设计按照LOGO设计标准来准备，也要根据产品特性来设计。下图左一为图形大小差异集合，图标的设计质量也很重要。

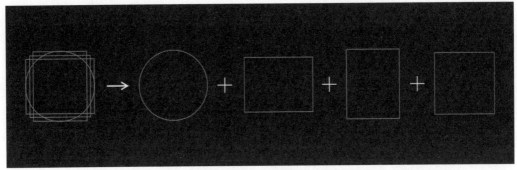

圆＋两个相同的长方形＋一个正方形（源自网络）

3. UI配色

　　人对颜色的感觉不仅仅由光的物理性质所决定，还包含心理等因素，比如人类对颜色的感觉往往受到周围环境色的影响。色彩的寓意被后人随着生活方式的改变不断归纳，例如蓝色（blue）代表轻快、自由、安静、宽容、柔情、永恒、理想、艺术、忧郁、广阔、深邃、清新，在欧洲一般作为对国家之忠诚象征等。下图为配色网站的推荐方案。

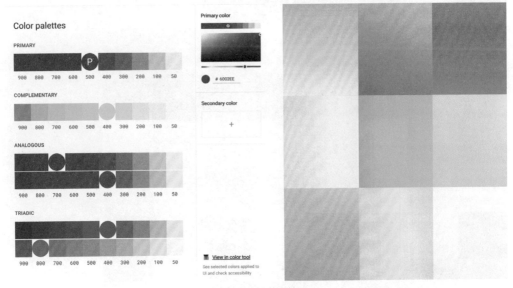

Material.io 的网站

　　如果从设计角度出发，UI的配色一定要与产品的个性、意义相配合。不同的色彩搭配，产生不同的视觉效果。如果你从业够久，会明显发现如今的色彩不仅鲜艳还更加细腻生动，这些变化与数码科技的进步密不可分。

　　颜色搭配运用在很大程度是为提升设计品质，搭配不当往往后果非常严重。所以在配色方面大家至少要理解色彩中原色、色相、饱和度、纯度、明度这些专业名词的实际含义才能在软件的设置中如鱼得水。当然如果你对自己的色彩感觉不敏感，或者有选择困难症，也可以借助一些配色网站或软件进行参考。其实配色和穿衣搭配是一个意思，整体还是要开阔眼界，不要只局限在某些固有颜色中。就像装修，中西文化不同风格各不相同，例如巴洛克风格是以暖色系为主；洛可可风格以轻盈、细致、华丽为主；美式风格颜色主要以白色、浅蓝色、浅绿色等浅色为主；现代风格是时尚与潮流的完美结合，色彩轻快，多以橙色、黄色为主。设计无绝对，只有不断颠覆。

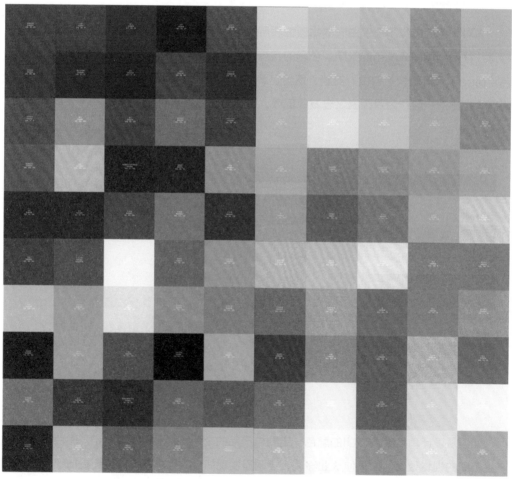

Flat UI Color Picker：最佳平板 UI 颜色设计

这里分享一则支付宝Alipay Design团队提出的一个配色原则：以同色系配色为主导，多色搭配为辅。同色系为统一的色相，使用中可以加深品牌色的感知，让界面更有层次，同时可以让界面保持色彩上的一致性，由于业务的多样化，我们需要多色搭配为辅。多色的辅助颜色，也可称为功能色，可设定不同的任务属性和情感表达，再搭配中性色黑白灰，赋予更多的变化和层次。两种配色通过主次、使用比例，可灵活运用在业务的各个场景中，具有非常好的延展性。

 色彩搭配不宜过多，从最初的选定颜色方向，到之后同色之间不断打磨和其他颜色搭配的过程就像铸一把宝剑，从一块普通铁片到一把利刃转变的过程。要知道产品的品质和性格需要特有色彩的表现，还要保持产品大方向上的一致。无论是理性的判断还是感性的选择最终都需要有产品性格。

4. 字体

有句话说，成也字，败也字。在设计师的职业生涯中，至少一次甚至多次在工作中因为字体不协调栽跟头。在实践的过程中大家会慢慢发现一些规律或者经验规范。接下来和大家聊聊界面设计中的那些常规字体的使用规范。我们常常会听到，"这也太LOW了吧！""你能统一下字体吗？"不明确而烦琐的字体搭配会导致整个画面失调。可以这样说，字体可以成就设计也可以毁掉设计。字体样式太多，导致页面杂乱，使用的字体不易识别，字体样式和内容的气氛或规范不匹配，这些都是字体设计中的问题，怎么避免这样的结果发生呢？

在每个项目设计中只使用1~2个字体样式，而在品牌字有明确的规范的情况下，只需要一种字体贯穿全文，通过对字体放大来强调重点文案。字体用得越多，越显得不够专业。所以最好保证字体风格的一致性，减少太多差异为妙。另外移动端常规字体如下，iOS：常选择华文黑体或者冬青黑体，尤其是冬青黑体效果最好。Android：英文字体常用Roboto，中文字体常用Noto。导航主标题字号：38~48像素。

iOS 冬青黑体 华文细黑

Android Roboto Noto

字体

大家注意了，在选用字号大小的时候要选择偶数字号，因为在开发的时候，字号大小换算是要除以二的。这个详细缘由可以网上查询，就不再一一介绍了。常用字号的大小并不绝对，还是以实际的视觉效果为准，根据版式设计需要采用的异样大小来调整字号。

这里需要设计师的全局把控能力。

　　系统默认的字体是对App内文案浏览的展示，所以这类字形不能太多变。跟系统字相反的是活动中的主题文案设计，这些字从展示和使用意义上截然不同，所以这里才是文字设计的天堂，详见下图。这部分字体设计对初学者会有很多困扰，例如草稿需不需要真的手写，图形怎么切割才完整，那些风格怎么模仿，字体之间如何关联等细枝末节问题。其实字体设计就是字体图形化的过程，不管什么风格，只要能将字做成流畅的图形就算完成，同时更多技巧在本书字体章节中有详细介绍。

作品源自互联网

　　所以UI规范的目的是更好地展示产品，让产品与用户的交流更加顺畅自然，提高用户体验，获得用户黏性。好的UI设计不仅要让应用变得有个性有品位，还要让应用的操作变得舒适简单、自由，充分体现产品的定位和特点。

2

PART

2

插画设计在 UI

第 2 章　UI 中的插画浅谈

插画的价值

随着时代的发展，从互联网到大数据再到人工智能，无时无刻不体现着人们的勤奋和社会的进步。越来越多的新兴产业如雨后春笋般涌现，围绕以人为本的服务型产品势头尤为迅猛。就拿以往的人们出门旅行需要订火车票、飞机票，住酒店需要提前打电话还有可能订不到房间，可现如今直接通过手机移动端，就能选自己喜欢的房间，不用排队就可以购买火车票、飞机票，还能随时随地更改时间，实在是非常方便。想着那些以往买票还要去火车站排队的回忆是很久远的事了。

话说网络的进步是人类社会文明的进步。在过去几年当中，插画以小众的姿态越来越被各个行业所认同和接受并站在设计趋势的最前列。不只是原本身处各个领域的原画设计师和插画师都开始越来越受追捧，而且连互联网、移动端和动效设计都纷纷效仿插画设计。使得插画在网页和UI中的分量越来越重，内容越来越丰富，出现越来越频繁。作为设计中，最具有表现力的元素，一张插画所传递的信息比文字更加生动。因此在产品中大量的使用插画来辅助传达信息，无疑将会提升产品的艺术品质，也更容易被用户广泛接纳和记忆。曾几何时插画被运用在杂志、图书、报纸、海报、传单等不同的传统载体之上，新的工具和技术使得它更加轻松地植入于数字化媒体当中。我们常说：一图胜千言！不是没有道理的。人的视觉感知能力很强，看到图片的一瞬间，也许还没有来得及进行逻辑思考，大脑已经接收到大量的信息和内容。

设计者不仅赋予插画艺术情感的表达，更多的是内心对生活的所见所想的独白，如果说书法是一门窥探古人生活的入口，那么插画就是我们今人对生活的手记。方式是坐到电脑前用鼠标或手绘板寥寥数笔有滋有味地创作。如今时代的提速又为插画创作增加了一层速度的标记。当我们服务于某某品牌、某某产品、某某电商，这就意味着熟练地分析产品，精准地把控设计语言，直观地传达品牌意图，将是各位设计者的生存之道。

　　再者传统的绘画形式在如今的社会发展中是一种非常奢侈的状态，例如安静地在画布上创作一幅属于自己的油画，随心所欲地画几天，在绘画过程中安心地思考画面中故事的冲突、整体的构图、画面的技法等问题。如果你不是一个职业的艺术家，我想这些对设计者来说是遥不可及的状态。幸好如今的电子产品给了我们成为艺术家所需要的一切载体。我们可以随心所欲地在电脑前创作自己的所思所想，可以不用顾及环境的限制，戴着耳机听着蓝调，思考着插画，品味着生活。

　　插画的发展随着时代的发展进步迅猛，如今的行业很多都是职业插画师，但是因为移动端的飞速发展，对设计者的全面性要求，以至于很多非专业的设计师也具备了相当深厚的插画技能和创作本领。作为新一代的设计者，成为一名优秀的原创设计师/插画师，是很多学生、设计者坚定不移的目标。优秀的设计作品才是展示自我的唯一途径，更是衡量职场价值不可或缺的砝码。所以插画不仅仅是技能，更是一门艺术。我们可以从非常低的门槛进入，但能否走入顶峰、走向成功和自由就需要大家的钻研和坚持。不积跬步，无以至千里；不积小流，无以成江海。

　　关于艺术价值，有些人对艺术的理解只限于某些艺术工作者，觉得这是跟我们现实毫不相干的工作和话题，说白了就是认为艺术本身不接地气。世界上只有大师才是真的艺术家，才玩得起艺术。这似乎是一种非常偏激的想法。就如同我们UI设计者，将自己的工作性质定义成搬砖工、别人的手、体力劳动者等云云之谈。这些都说明设计者本身没有更大的格局观，狭隘的定义自己的工作性质和自己本身的付出，长此以往最终将会被行业淘汰。那么格局和价值到底有什么关系呢？插画设计最初只是一种技能，一种可以画出图形、图像的技能，作为初级设计者这种认知没问题，但是我们不是为了掌握一门技能才去研究和学习插画，而是因为插画本身就是一门艺术。它的高度是由设计者的创造能力来决定的。只要大家用开放的心态面对插画艺术，多看多想多画，不要让风格局限自己。入门级的朋友们需要多练习，大胆地去尝试、去实践，保持好奇心。积累是一个很重要的过程，提高自己的眼界，接触不同的文化，从模仿量化的过程中学会改变和创造。享受每一个创作的过程，都对提升自己的水平很有帮助。所以任何一个技能都需要思维和工具的双重熟练，这样创作的过程才会自然流露，艺术气质的设计或者说风格性的设计就会越来越明显。任何事情坚持到底就是胜利，坚持的过程就是接近胜利最近的地方，成为有价值的插画师是目标也是希望，山顶最美的风景不是所有人都可以看到，只有紧跟时代脚步，握紧手中的画笔，才能走出一条色彩绚烂之路。下页图片来自花瓣。

02-02
设计需要的习惯

只要是工作，就有服务和被服务的关系，无论是服务者还是被服务者，都需要为自己的工作负责。新时代经济的高速增长，让我们不但享受着国泰民安的祥和景象，又有将经济转化为生活服务的环境。随着App的数量与日俱增，其UI界面和用户体验的设计也是越来越精美，视觉设计除了完成视觉部分，还要成为第一个体验者，从体验者的角度出发看待自己的作品。每个人都有自己的习惯，更不用说设计习惯，只不过好的设计习惯既是规律，也会让自己的工作环节更加顺畅。

观察，从创作者的角度出发，有目的、有计划地感知生活，是视觉的一种习惯。观，指看、听等感知行为；察即分析思考。观察不只是视觉过程，而是以视觉为主，融其他感觉为一体的综合感知，而且观察过程中有着积极的思考，对事对物会增加自己的价值观，等需要视

觉展示时，画面的形体和色彩会直观地通过思维传达给画笔，这样的创作才会生动有活力。

细心，是指心思细密。明·唐顺之《胡贸棺记》："盖其事甚淆且碎，非特他书佣往往束手，虽士人细心读书者亦多不能为此。"细心是做任何事、交任何人都需要考量的一点，在工作中细心以对的人一般都不会出现太大的纰漏。这样的人到任何企业都很受欢迎。

耐心，法国寓言诗人拉·封丹曾说，"耐心和持久胜过激烈和狂热"。工作中难免有些应急的项目导致加班，成熟的人很少抱怨，因为他知道很多项目都是事出有因，糟糕的情绪不会给工作任何帮助，所以不如佛系一些，尽早安心地完成。你的耐心其实也会给整个团队加班的同事安心，有这样的团队陪伴反而是一种力量。

沟通，语言用来交流，能够用和善的语言与团队中的任何阶层和睦地沟通是一门技能。所以一些初级的设计者和初出茅庐的职场新人，首先需要学会的就是必要的沟通，沟通带来的不仅仅是工作的完成，而是更好地了解项目，了解产品中人们之间的思想意图，必要的沟通还会给设计师更多的灵感，俗话说：三个臭皮匠顶个诸葛亮。

严谨，当设计上升到艺术的高度，势必是可以天马行空地去发挥和创意。但是工作是严谨的，我们需要将天马行空的设计通过严谨的方式融入产品中去。关于严谨的设计习惯，如下图Google Material Design图形规范所示。点在PS的设计中充当了另一个非常重要的元素，那就是PS显示模式中的像素。无论你是从事互联网（Web）设计还是从事移动端（UI）设计，设计图中的图标、图像和实际图形尺寸必须严谨到像素级别。假如你刚入行，设计中还会将设计的图形随意安放，设计的界面草草勾画，那么这将是你未来不久被设计大军抛弃的重要原因。当我们能将设计细节细致到像素的时候，那么设计图标、LOGO的趣味性会大大提升。明明相差不多的导角尺寸设计，在相同图形身上会有微妙的变化。就像去商场买衣服，同一款服装颜色不同，即使是这点不同，也会让不同的使用者和不同的观赏者有截然不同的感受。所以养成严谨的设计习惯对设计师极为重要！

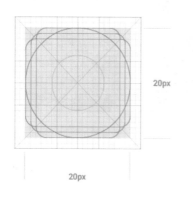

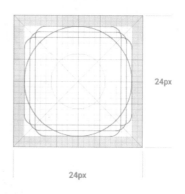

　　我曾经在项目中有几次跟4A公司合作的机会，当时只是对他们的设计作品极其仰慕，但是当我见到设计者的时候，才发现这是一个工作不到两年的年轻人。后来我问他设计文件流程如此清晰工整，是怎么做到的，他说：习惯吧！早年大学的时候他会经常看国外设计师的设计源文件，其中学到不少设计的技巧和使用习惯。当然不仅这些，养成良好的设计习惯和工作习惯，会事半功倍，大大提升工作效率，对自己乃至团队都尤为重要。

　　软件的习惯，如下图是PS和AI启动图标，我们比较熟悉的绘图软件如PS（Photoshop）和AI（Adobe Illustrator），属于视觉设计师比较常用的工具类软件。不过设计者都有自己比较习惯的软件，有的人PS比较熟练，有些人对AI比较习惯，这并不会有任何问题。但是

PS 和 AI 启动图标

设计者必须清楚这两个软件各自的属性是什么，才能更好地应用它们为自己服务。PS除了绘制功能以外还有大量的图片处理修饰后期的作用。AI是矢量图软件，比较擅长图形构建绘制，特效能力不如PS强大，所以往往我们在进行整合图形处理的过程都会回到PS中完成。

　　举例：线性（功能型）图标如下图所示。在学习软件的过程中有人问我，这类型图标是用Photoshop设计还是用Illustrator更合理？我的回答是，看设计者对软件的熟练程度而定，如果设计者只会使用一种软件，那自然没有选的必要，但是从成熟的设计师角度这类型图标（icon）设计用Illustrator设计更合理。PS是一个非常全面的软件，但是在图形导角和迅速调整成量化模式就远远没有AI这款软件专业。所以一般广告公司的商业大片后期，调色、调整图形质感都会使用PS来完成。

　　如果做图标的话，更具体地说，功能性图标（没有太多色彩和质感的图形）适合PS/AI软件完成。有非常严谨的形状要求，那么选择AI来画形会比较严谨。后期的混色、特效、构图最好用PS完成。

icon 线性图标（功能型）

作为未来职业的设计者，我们都知道，好的设计需要设计师技巧高超、创意与众不同。在任何设计中，游刃有余地展示自己的设计理念和风格，都是为了服务于品牌和产品。因此对于设计师来说，良好的设计习惯，对细节的把握，也是设计上的一种能力和技巧。尽管不是每个用户都是一丝不苟、认真检查设计中的细节，但设计师必须认真对待每一个环节。无论是前期准备，还是设计流程，以及后期的客户交流，这些方面都要有良好的习惯。有心的设计师会留意客户说的每一句话，会分析出客户真正的需求，会从中找到指引和线索，这样在设计时，就很少出错。因此，良好的设计习惯不仅仅是在设计上的，要面面俱到才会成为优秀的设计者和未来的引领者。

设计者 Daniele Simonelli

UI 插画中的风格

插画是设计的情感表达和艺术创作。这是对插画的定义，也是对插画师工作职责的定义。无论是印刷品、品牌设计还是UI界面，更加风格化的插画能够将不同的视觉语言和创意加入其中，在激烈的竞争中更容易战胜对手脱颖而出。同样的，在博客、新闻和Banner中使用插画，也是看准了插画可以根据内容进行深度定制的优势，图文并茂且轻松地配合实际内容，这样更加符合产品的预期。借助色彩、角色、环境甚至暗藏的隐喻，来吸引特定的用户，从而转化用户。那么移动端插画究竟有哪些风格？让我们一起来了解一下。

1. 扁平化的插画风格设计

如左下图所示，扁平风这个词从Dribbble出世以来一直风靡至今，该类型风格的设计受到很多品牌和金主的青睐。其设计特点非常明确，简化设计，多以单色或同色系渐变为主，利用色彩中冷暖间的对比显示出光照效果。这是一种现在很流行也很常用的风格，特点是简洁明了，包括很多大品牌的LOGO也都尝试这类型扁平化的设计。

2. 肌理型的插画设计风格

如右下图所示。主要特点以插画为基础增加肌理，或笔刷或杂点等质感，将光影关系表现出来，比扁平插画更有质感。这类型设计随性又略带沉淀的气氛，适合复古和Relax风格。

Dribbble Designer

Muti Desiger

3. 手绘型的插画设计风格

如下图所示。手绘型插画其实属于传统形式的技法，无论从表现形式还是追求的风格都是以漫画风格为主。对设计者的表现功底要求比较高，尤其是手绘风格的表现技法非常多样，设计风格展示应用广泛。以至于手绘插画的表现层面比其他风格都要丰富。所以这类设计一般都是高手，主题创意敲定之后，看的就是设计者的个人风格。

滴滴顺风车

4. MBE型的插画设计风格

如下图MBE Dribble Desiger所示。据传MBE风格由法国设计师MBE开创，看似简单，灵动的断线和颜色溢出与留白让简单的元素活了起来。更具体地说，是从线框型Q版卡通画演变出来的MBE风格，设计采用了更大更粗的描边，相比没有描边的扁平化风格插画，去除了里面不必要的色块区分，更简洁、更通用、易识别。粗线条描边起到了对界面的绝对隔绝，突显内容，表现清晰，化繁为简。

MBE Dribble Desiger

5. 渐变型插画设计风格

如下图所示。该类型插画特点以同色系或者同对比度的色彩渐变为图形构成。在色彩的运用上采取近似色系为主，颜色的种类不宜过多，属于一种追求细节和意境的设计风格。

SA 九五二七

6. 立体型插画设计风格

如下图《纪念碑谷》所示。立体型插画设计的特点是模仿3D视觉效果的2D图形，通过PS或者AI30度或者60度视角为辅助线，同色系冷暖色塑造立体效果，能够在二维的空间里表现三维视觉。无论是场景还是人物，都可以通过色彩非常有趣地表现出来，并营造一种视觉错乱的空间感。这方面的经典案例如图《纪念碑谷》所示，这是一款非常有趣的解谜类游戏。场景设计玄幻，交互间通过寻找潘洛斯阶梯不断深入。这也是设计者对思维空间的无限挑战。

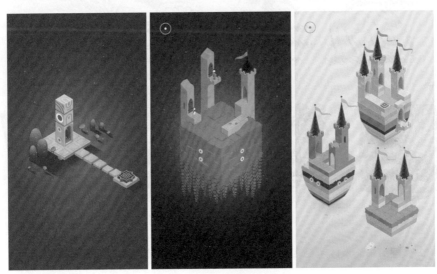

《纪念碑谷》

7. 描边型的插画设计风格

如下图设计者Rami Niemi所示。这位设计师的作品非常有特点，第一幅是他的自画像，该类型的插画特点非常典型，运用简单的造型及略有变化的单色线条进行描边，配合色彩加少量的循环性图案，设计出一幅具有波普风格的插画。色调是情绪，人物动势是主体，场景是环境，将3种元素集合成一幅非常有特点的个性插画。表现手法堪称印象派。该类型插画造型趋于基本形，越少的变化越有味道，目前很多设计都采用该类设计手法，LOGO、字体、图形都适用，更有益的一点就是设计时间不长，方法易上手。

设计者 Rami Niemi

除上述7种常用的设计风格之外，还有一些艺术混搭风格，跟大家分享一下。

8. 科幻类插画

设计灵感多元化，如下图Filip Hodas是一位自由3D艺术家。此类作品为他的C4D日常工作，这个项目的目标是在3D基础上将物体相关的一切方面融入环境并做得更好，这样他就可以将这些假设的物体实现到他的常规工作流程中并开阔视野。这类设计包括科幻类、魔幻类、电子类，一些非常规型的创意构图，是一种艺术感极强的设计思路和表现手法。软件也是当下比较流行的三维软件，如C4D等。

设计者 Filip Hodas

9. 手绘扁平风插画

该类型插画多以当下流行的扁平风格模式为主，略有不同的是设计中用手绘板，或者手写笔在载体上画出形象，上色后对平面的部分增加渐变质感，使得插画本身有立体感的呈现。与肌理型的插画设计风格类似，只不过手绘感十足。如下图为设计者饭太稀作品。此类型的表现风格用途广泛，商业价值极高。

设计者 饭太稀

10. 剪纸风格插画

剪纸类型插画一定是以剪或刻的方式为主，通过色彩叠压之后的阴影产生画面的层次感，进而使得画面的趣味性十足。我们从小就学会剪纸，在窗花、联欢会布置上的使用非常多，但如今的技能仍在，只不过要看设计者是否能以一种全新的创意方式展现在我们面前，既传承了中国文化，又延续剪纸的理念。如下图所示为EikoOjala剪纸风格插画作品。

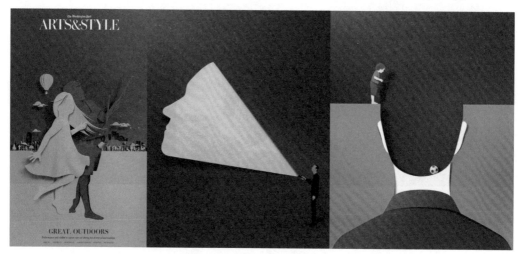

EikoOjala 剪纸风格插画作品欣赏

11. 白风格/晶白风格

晶白设计风格：整体以白色为主，在白色或纯白色基础上，增加各种渐变颜色发生微妙变化的视觉设计。理念源自苹果早年的白雪设计。这类设计并不小众，更有文艺气息、更艺术。目前Dribbble上类似的设计很多，百度网盘和优酷图标等都是这种类型，如下图所示。

图片来自 Dribbble

02-04

插画必备软硬件工具

插画艺术从诞生至今，为艺术做出了杰出的贡献。随着计算机技术的快速崛起，以及网络的普及，人们的审美角度和审美观点已经发生了转变。传统的插画创作已经无法满足受众的需求和审美标准，特别是当前很多的艺术创作都在提倡无纸化，这就为数码插画的发展提供了天然的土壤。传统插画对于创作者的图画绘制功底有很高的要求，艺术家是依靠笔触的运用等手法在纸上进行插画创作。而现代数码插画，是顺应时代潮流诞生的，是伴随着CG产业而兴起的。从工具上来看，数码插画的创作者都是依赖计算机的软硬件和专业的数码外接设备实现的。

所谓的数码插画的第一辅助设备就是画笔，最基础的画笔源自一个品牌Wacom（和冠）在1983年创立于日本埼玉县，是有名的数码绘图板产品品牌，如右图所示。

Wacom是聊起数位板不得不提到的品牌，它是数位板行业中的巨头，同时也是行业公认的首选品牌。Wacom的压感技术存在于你不经意的地方，比如三星Note系列手机的手写笔就是Wacom授权的压感技术，微软Surface1代和2代平板电脑也是Wacom授权的压感技术，华为、联想、戴尔等厂商电磁屏几乎都采用Wacom的技术。越是细分的市场，越容易有先发优势，凭借优秀的技术底蕴，Wacom成为了数位板制造商中的领头羊。几乎成为寡头的Wacom近年来遭到iPad设备和其他廉价设备的冲击，也推出了针对入门用户的Bamboo系列，并不断强化自己的技术和产品，如果你想进入手绘行业，Wacom将会是首选的设备。

另外手写板是替代鼠标的最好工具。有经验的设计师都知道，常年点击鼠标手指换上关节疾病的概率非常高，作为保养，建议年轻的设计者尽早学会和适应手绘板操作，为插画学习打基础。

另一个跟插画相关的设备就是iPad，需要配合Apple Pencil。这种设计被称为"板绘"。用iPad来画画到底靠不靠谱？

对于大多数人来说iPad只能算是个玩具，日常用得最多的功能也就是看看视频玩玩游戏而已。最近几年iOS平台出现了几款重量级的绘画App，特别是随着iPad Pro和Apple Pencil的到来，越来越多的人开始尝试通过iPad来学习数码绘画，通过iPad绘画重新找到了儿时涂鸦的快乐感觉。下图为野生插画菌作图照片。

参考作者野生插画菌

根据本人使用iPad绘画的经验，在iPad上绘画的感觉介于纸绘和板绘之间，轻便且直观。绘画过程不会被颜料弄脏衣服，也不会像板绘那样手眼分离。毫不夸张地说，iPad已经是"准专业"级别的绘画工具了，创作出赏心悦目的专业作品不再是什么难事。iPad上绘画类的头牌App "Procreate"属于术业专攻型软件。Procreate可以画出水彩、水粉、油画，甚至二次元卡通风格，它的功能可以媲美PC平台的Photoshop，十分强大。如下图所示。

那么除了这两种比较接地气的设备之外，插画的设备还有直接在屏幕上作画的"手绘屏"，该类型设备的价格略高，如果你不是职业插画设计者或原画、动漫、游戏设计师的话可以只考虑前两种设备的操作。想要成为一个优秀的插画师设备和软件只是你创作的载体，

有的人很喜欢容易上手的载体，无论什么载体都要对软件和操作熟练才是创作的保障。希望大家能花更多心思在创作上，坚持创作出更多有风格特色的作品。

本书主要讲到Photoshop CC2019和Illustrator CC2019两款软件的操作。

Adobe Photoshop，常被称为"PS"，主要处理以像素所构成的数字图像。使用其众多的编修与绘图工具，可以有效地进行图片编辑工作。PS有很多功能，在图像、图形、文字、视频、出版等各方面都有涉及。当然在UI设计中是界面视觉设计的第一生产力。

Adobe Illustrator，常被称为"AI"，是一种应用于出版、多媒体和在线图像的工业标准矢量插画的软件。作为一款非常好的矢量图形处理工具，该软件主要应用于印刷出版、海报书籍排版、专业插画、多媒体图像处理和互联网页面的制作等领域，也可以为线稿提供较高的精度和控制，适合生产任何小型设计到大型设计的复杂项目。

准备好一切就差主机了，早年使用PC，之后使用iMac，从系统操作稳定性的角度考虑iMac的使用好于前者，但是前者的大众化和灵活性好于后者，提醒大家本书的所有案例的设计习惯和快捷键操作都以iMac设备为准。

iMac 一体机和 MacBook Pro

简单了解了这些设备，希望大家在书中以技术交流和对插画的兴趣出发，认真为自己创作吧！

2

PART

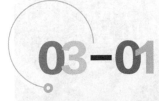

设计的起"点"

先来看张图。

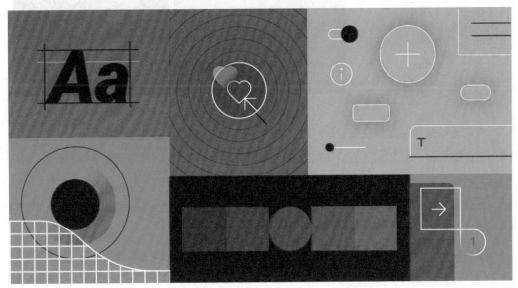

Google Design

　　"点"是最简单的形，几何图形中最基本的组成部分。点就是宇宙的起源，没有任何体积，被挤在宇宙的"边缘"。无论是设计领域还是绘画领域，点、线、面的存在都是为基础设计以及顶层设计不断输送创造力的重要因素之一。

　　"点"从视觉角度可以聚焦、引领、分散我们的视线。可以让人们把注意力聚焦在我们想重点表达的信息上面。案例如下图所示，其一App闪屏页面中腾讯视频LOGO（左一）的明确表达，第一视觉中心，毫无干扰。其二小米页面设计中随着沙漠中人的背影（左二），视线落到了标题的描述上。其三聚拢的同时增加更多的分散设计，如音乐引导页的设计（右一），模仿杰克逊的经典造型，并在身体中融汇各个时期不同音乐人的专辑封面，把整个视觉重心在人们的回忆里被肢解，让人们被熟悉的回忆牵引着不可自拔。

作品源自互联网

　　我们无论是从事建筑空间设计，还是工业造型设计，或是服装设计，点、线、面都是非常好的创意载体。就如俊美的少年有漂亮的外表，表面之下必有一身饱满匀称的骨架。所以任何华丽装饰的背后，都是这些非常平凡的设计素材在做最扎实的根基。话说回来虽然是基础，如果能把最基础的元素设计出高境界，高水平，也足以体现设计者的高超本领。那么这些非常基础的点、线、面在UI设计中又能做些什么呢？在如今的设计行业，设计流程的效率非常高，以至于很多菜鸟叫苦不迭，既要体现品牌意识，又要设计美观，时间有限且资源有限，但就是在这些有限的范围内，还要做出无与伦比的设计！！！"南上加南"。是的！所以我们需要返璞归真，我们需要回归到最初的基本形体并配合基本色彩的表达，先以最直观最简单的扁平风格完成设计，并从中寻求亮点的突破。

　　"点"与"面"在形的定义上一直都非常宽泛。就像下图的六个图形分别为：圆形、三角形、四边形、椭圆形、多边形、不规则图形。它们的高度和宽度都相同，只不过边界不同，在面积小且数量多的时候就是点的概念，面积大自然归为面的概念。

相同高度下的不同形体

在以下设计中点和面的界定就比较含糊了，足够大的面积就是面。而且设计者在设计中巧妙地将运动轨迹、色彩、形体融入作品中，甚至忽略掉点的概念，将视觉的重心转移到所构成图形的内涵上，以引领的姿态让用户在这方寸之间思绪。来看一组图。

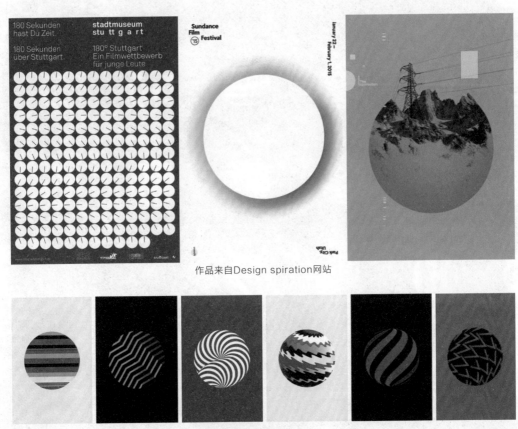

作品来自Design spiration网站

Adhemas Batista

线的可塑性

　　依然是"点""线""面"，依然是创意。当人们从自己的眼中看见整个世界的时候，都会被第一眼的视觉表象所吸引，也就是外在。例如看到好看的人，被白皙光滑的皮肤，深幽明亮的眼眸，玲珑有致的身材所吸引。那么第二眼才是内在，视觉设计中结构就是内在，内在需要更多具体需求的支撑。点线面最终形成了结构，创造出设计作品中的秩序，这是一种牵引，所有元素在此骨架上有秩序地排列。结构是骨，骨骼需要漂亮的肌肉来填充，创意是肉，合而为一才能创造出一件完美的艺术品。

　　因此，点线面三元素中，最能体现结构的就是线。线是结构的"骨"。如果画画最初在画布上没有线稿的帮衬，也就没有任何艺术画作这么一说了。下图是一个非常有创造力的作品，由Anatolii Babii为Bloomicon精心制作出品。这是一套以太空探索为主题的图标设计，完整的系列包括1200个图标和符号，反映了人类活动的各个行业和领域。设计以Adobe Illustrator创建，基于64×64像素的完美网格。（下页图为商用作品，注意版权所属）

　　"线"在UI设计中能表达的事物都很具体，例如上图线性图标。所谓的具体是指一种"形"，线分为直线和曲线，但是经过思维的引导会形成无数种意想不到的形。设计最初阶段都需要很多设计草稿，这些寻找答案的线稿是一种智慧，一路飞驰在画面中，幻化成各种各样的灵动作品。

Futuro Icons| Space Exploration

poetry

picture

Chinese

chemistry

physics

award

time

piano

download

school

Cpurseware

folder

shape

paper

note

schoolbag

activity

schedule

geometry

listening

作者Martin David

线的魅力是无形的，了解这种无形，创作于无形。越有魅力的作品越需要形体的支撑，初学者的作品需要提升的就是对线的认识和理解，提升塑形的能力自然会让作品的分量加重。当线有了方向、支撑、量化，作品的灵动性会顺其自然地形成。如下图所示。

线具有位置，它是点的移动轨迹，是面与面的交界。所以线可以独立成形，也可以合力成面。下图为三个作者设计的系列插画，都以线为主，内容各有千秋。

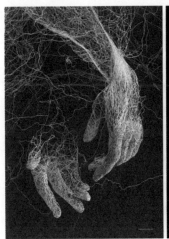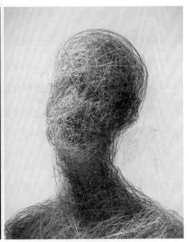

Janusz Jurek   Diana Lange   Daniel Velázquez.

- 波兰设计师兼插画家Janusz Jurek一直在探索与人类形式相关的生成形式的不同形式。他的一些"最爱"被收集到一个系列标题《Papilarnie》中，在地图上看起来像闪电或道路的捆扎线汇聚成3D手臂，脚和其他不完整的身体，大家可以在Behance上看到更多他的生成插图作品。

Janusz Jurek在工作中说，我做了很多3D设计，这很困难但很有趣，同时又很费劲。过去常常将全部业余时间花在学习新技术上，使事物看起来越来越真实。当我达到目标时，想到可以做一些完全相反的事情，可以将3D技能用于简单、纯粹的艺术目的。我回到了绘画，想到了一个疯狂的主意，以寻找连接绘画和雕刻的方法。绘制时，你唯一需要的就是一张纸和一支好的铅笔。但是，如果纸张不够用呢？如果铅笔在空白处留下痕迹怎么办。这就是它的开始。当技术复杂时，主题必须简单。人体一直是绘画中最受欢迎的主题。因此生成的艺术是关于运动，而人体则是关于运动的，即使它是静止的，也具有复杂的神经系统和血管，始终像电线一样运转。线条运作方式是自然界最伟大的奇迹。

- 戴安娜·朗格（Diana Lange）的创世肖像（用Processing处理），标题：Laurie Anderson。
- Daniel Velázquez撰写的HILL系列寻求面对生活中未知和无法控制的恐惧。引起内省和探索人类灵魂深处的冲动。在长期的实验之后，维拉兹克斯在这一系列的数字肖像中设法在数字和摄影之间找到平衡，并在数字画布中使用类似的技术。

以上对三个作者作品的介绍，我相信每个人在没有看到作者思路的时候，一定会有属于自己的想象空间。无论设计者使用何种软件都掩盖不住，线在单色中的纯粹魅力。

下页图是文艺复兴三杰中达·芬奇的素描作品，因为他的绘画特点是：观察入微，线条刚柔相济，尤善于利用疏密程度不同的斜线，表现光影的微妙变化，他的每一件作品都以素描作为基础。达·芬奇独特的艺术语言是：运用明暗法创造平面形象的立体感。他曾说过："绘画的最大奇迹，就是使平的画面呈现出凹凸感。"他使用圆球体受光变化的原理，首创明暗渐进法，即在形象上由明到暗的过渡是连续的，像烟雾一般，没有截然的分界，《蒙娜丽莎》是这种画法的典范之作。

其中达·芬奇的《伯利恒、木海葵和大戟螺旋花蕾》，创作于1505—1510年，仅仅只是看着植物素描就仿佛见证了莱昂纳多心灵的激荡——多刺的枝条上荆棘的重量，像蓬乱的假发一般的起绒草的涡旋状的叶片，或是一根笔直的圆柱形芦苇秆。所有东西都是单个呈现在素描中，但当它们合在一起——海浪与发丝间，豆荚种子和子宫中的胎儿之间的相似性便显现出来。

不同的线能够创造不同的感受，引导视觉。控制好线的使用，不要为线而线，造成画面组织混乱。UI的设计过程需要追寻逻辑，形式的探讨始终绕不开对基础点线面的研究，按照美的视觉效果，力学的原理，进行编排和组合。它是以理性和逻辑推理来创造形象、研究形象与形象之间的排列方法，是理性与感性相结合的产物。任何在设计中呈现的元素，都可以归纳到点线面的范畴，然后对三者的反复组合排列，形成设计语言、形式、美感。核心：元素与元素之间的排列关系，进而所有元素在一起所体现的构成形式。如P50页图所示。

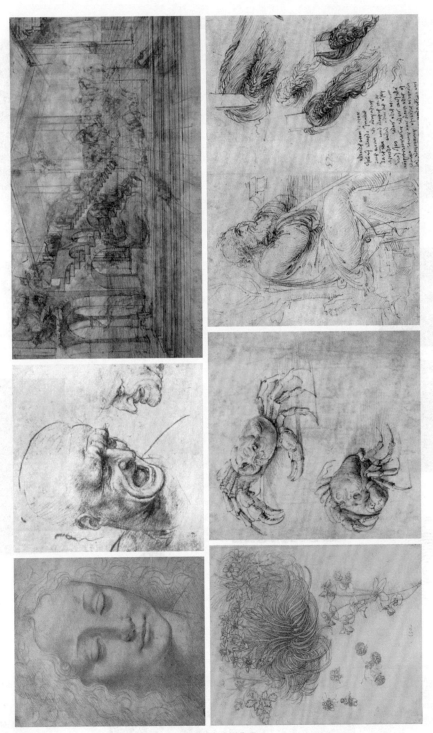

达·芬奇素描作品

"面"上那些事

　　"点"到"面"的展示方式，里面可增加的视觉效果不计其数。如下图所示，图形的可塑性可从一个简单的单色，通过增加颜色、渐变、材质让圆球有千变万化的视觉效果。这也是二维环境下拟物设计区别于3D视图的特点。不再扁平的设计效果可以称为拟物设计。拟物化（Skeuomor-phism）设计比较注重形和质感，模拟真实物体的材质纹理、质感、细节等，从而达到逼真的效果。拟物化图标是UI设计爱好者不错的临摹练习对象，通过绘制图标可以提高PS技能，熟练掌握质感、高光、透视、光影明暗的表现。而且拟物设计在UI设计中是一种立体视角的高度提炼，同时又保留光感对物体的影响，在二维图形中增加光感反倒会大大提升画面的饱满度。

点、线、面、渐变、材质球样式等

　　如下图所示，初学者可以更多地从单一图形设计变为多类型图设计。将独立风格变成系列风格，量化自己设计作品的过程，也是努力提升自己的过程。

作品来自互联网

　　设计分为理性设计和感性设计，无论男女，很多设计都是感性先于理性，在脑中形成多种形式或者组合之后，再被人们通过各种途径表现出来，表现的过程将是另一种理性思维和感性思维的碰撞。越成熟的人操控性越强，孩子的操控能力差，反而会有更多意想不到的行动创意迸发出来，这也是身为艺术家的毕加索会模仿儿童绘画思维的一个原因。Create New Meanings是创造意识或创新意识的简称，也是指对现实存在事物的理解以及认知，所衍生出的一种新的抽象思维和行为潜能。创意是"传统"的叛逆，是打破常规的哲学，是破旧立新的创造与毁灭的循环，是思维碰撞，智慧对接，是具有新颖性和创造性的想法，不同于寻常的解决方法。所以创意是疯狂的，也是耐人寻味的，是暗藏玄机的，也是有苦有甜的。

　　下图设计创意的点在于我们所熟悉的人物和名画，表现方法是本章所探讨的"点"和"面"的组合，通过点的大小、色彩明暗的对比，高度提炼和概括塑造了一个完整的人物形态，设计创意耐人寻味。

点对比的视觉效果，作品源自 Behance

　　下图主题为Strook是比利时艺术家Stefaan De Croock的作品，这位艺术家对图形中"面"的理解独具匠心。他的标志性拼贴艺术尤其引人注目和神秘。当通过可重复使用的媒介（例如，旧木门和复合地板）等不寻常组合而成为视觉设计的焦点，这会使观众惊叹不已，成为设计的熟悉形状。"这是一个挑战，对作者来说，实验和尝试新的媒介"，作者告诉我们："发现的材料的质感全都始于Strook。"

　　当然在Stefaan De Croock创作过程中非常重要的组成部分，就是他一直在寻找从建筑工地"收获"的旧木制品，即将被拆除的工厂或房屋的地板，以及从朋友那里得来的关于旧物料的来源，包括旧地板、木板或门的下角料。"我喜欢处理废弃木头的旧铜锈，这就像时间的足迹，因为每件作品都有自己的故事，并以新的成分组合在一起，再形成另一个故事。"他诗意地将木片比作"未知历史的沉默见证者"。

Stefaan De Croock/Strook

不管一件艺术品的大小或范围，Stefaan De Croock告诉我们，他的所有艺术品都是从他手里开始的，画稿在素描本上完成。有时他在开始构图时会想到一块特定的木头，细心比对材质和尺寸。无论如何，草图都将用作指导原则，因为他发现："创造行为非常重要。"那通常是他凝视了很长时间，盯着某块木头，分析它以辨别它是否可以在他的作品中使用，在他仔细清洁并将其切成碎片之前，正确的形式。他说："制作过程非常重要，有时会发生一些意想不到的事情，我喜欢与这些意外一起创作过程。"

下图是英国艺术家夏洛特·泰勒（Charlotte Taylor）的极简主义插画作品。描绘了现代主义建筑和室内设计。这些粉彩画受到Luis Barragan或Ricardo Bofill的创作的启发。很多时候当我们去看别人作品中的那些优美和深刻的画面时，总会有一些不错的思路留在我们的记忆中，当经历项目的时候，转化这些记忆成果，将大脑所接收的东西转化到作品中。只有这样脱离一味地模仿和临摹，才能有更开阔的视野。

CharlotteTaylor

最后我们来看作者Minkyung，现居韩国首尔，自由职业者插画家。2019年在"最后热点"的概念下，作者创造了一个场景，来自各个国家的旅客都前往免税商店的插图。可以在仁川国际机场的到达大厅免税店找到。作品扁平风格插画为主体，内容中人物通过概括的外形、多彩的颜色搭建出整个画面的人文气质，看起来轻松愉悦。

Minkyung

从以上这些设计中不难看出，"面"的千变万化。在设计中"面"从材料到艺术形式，从UI设计再到插画表现，都有自己独立的面貌和气质，这些视觉传达着各种目的性。所以插画设计师必须具备思维灵敏、控形精准、整合能力，这三点就是手、眼、心的高度统一，你拥有了这些，也就拥有了成为传说中高手的必备武器。

攀登高峰需要的固然是耐心和毅力，然而攀登插画这座高峰附加技能越多，这样给你的作品带来的灵动性就越丰富。

UI界面设计中的"面"是一种板块化的组合形式。在界面设计过程中，将界面以不同板块分组规范，不但能提高工作效率，还能养成设计规范的习惯，一举两得。另外通过板块对界面进行拆分、组合让设计者更灵活地应对产品需求。所以清楚页面中"面"设计的是什么，才能更好地排版布局。有的朋友可能知道，在中国传统绘画中写意山水的绘画理念是"白"，画"白"的意思是白的填充，也是留白的意境。那么在页面设计中过于密集的布局会让浏览者在长时间浏览过程中产生焦虑的情绪，所以合理安排设计素材的空间，把控好视觉感是UI界面设计的关键所在。

那么我们参考国内、国外的设计网站也是有讲究的。举个例子，某设计师曾经使用PC时有右键保存下载的习惯，随着时间的流转，这个设计师换了iMac之后就再没有打开过之前的PC机，那么保存的素材和图片之后也从未使用过。这告诉我们设计者需要有一个清晰的思维和良好的设计习惯，我们必须清楚潮流本身就有时效性。再好的作品，再好的图片，都是那一年那个时效内完成的。过了这个时效再用的设计看上去会跟当下的时效相违背，所以不要一味地浪费时间在保存别人的作品上，不如认真分析每一个作品，将视觉理念记忆犹新，这样每次遇到项目的时候能很快从自己的记忆库中找到答案。

界面参考

界面参考

视觉中的色彩

　　色彩是能引起审美愉悦的最为敏感的形式要素。色彩是最有表现力的要素之一，因为它的性质直接影响人们的感情。丰富多样的颜色可以分成两个大类：无彩色系和有彩色系。有彩色系的颜色具有三个基本特性：色相、纯度、明度，在色彩学上也称为色彩的三大要素。饱和度为0的颜色为无彩色系。色彩在UI插画设计中的多样性也是非常丰富的。下面将通过Photoshop软件中的调色面板讲解色彩中的基本常识。

3.4.1　色彩的三要素

　　大家都知道《金刚经》是一本佛教著作，其中一句"无我相，无人相，无众生相，无寿者相"堪称佛学理论经典，其意义相当玄妙。任何我们以为的相都是自己内心的映像。"色相"就是色彩相貌。有意思的是，我们都以为所有人眼中的世界是一样的，但并非如此，因为没有任何两个人能画出同样的一幅画，所以人和人的视觉感受通常是不同的，对于色彩的认知还受到文化背景的影响，性别的因素对于色彩偏好的影响也不小。因此，设计中了解目标用户的特征是很有必要的。

　　"纯度"是指色彩的纯净程度，又称饱和度，它表示颜色中所含有色成分的比例。含有色彩成分的比例越大，则色彩的纯度越高，含有色成分的比例越小，则色彩的纯度也越低。可见光谱的各种单色光是最纯的颜色，为极限纯度。当一种颜色掺入黑、白或其他彩色时，纯度就产生变化。当掺入的色达到很大的比例时，在眼睛看来，原来的颜色将失去本来的光彩，而变成掺和的颜色了。当然这并不等于说在这种被掺和的颜色里已经不存在原来的色素，而是由于大量的掺入其他彩色而使得原来的色素被同化，人的眼睛已经无法感觉出来了。

"众生相"

有色物体色彩的纯度与物体的表面结构有关。如果物体表面粗糙，其漫反射作用将使色彩的纯度降低；如果物体表面光滑，那么，全反射作用将使色彩比较鲜艳。

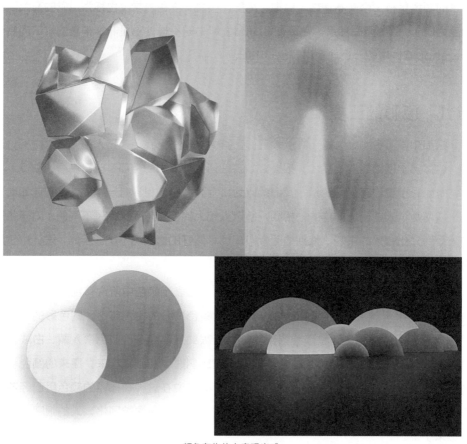

颜色在物体上表现光感

"明度"是指色彩的明亮程度。各种有色物体由于它们的反射光量的区别而产生颜色的明暗强弱。色彩的明度有两种情况:

- 一是同一色相不同明度。如同一颜色在强光照射下显得明亮,弱光照射下显得较灰暗模糊;同一颜色加黑或加白以后也能产生各种不同的明暗层次。

- 二是各种颜色的不同明度。每一种纯色都有其相应的明度。黄色明度最高,蓝紫色明度最低,红色、绿色为中间明度。

色彩的明度变化往往会影响到纯度,如红色加入黑色以后明度降低了,同时纯度也降低了;如果红色加白色则明度提高了,纯度却降低了。

有彩色的色相、纯度和明度三个特征是不可分割的,应用时必须同时考虑这三个因素。视觉设计是一种让人着迷的事业,热爱的朋友们可以从某年某月某日天地生息,日月光辉中时刻感受眼前情景变化,这些美好时刻通过拍照、绘画、记忆等方式铭刻下来,随着时间和空间的方式进行催化,忽然某一时刻想起、看到,会发现那些色彩如一杯茶,浓淡甜香各有滋味。

借用下图作品来了解扁平风插画设计的配色。首先色彩的对比会产生画面的情绪,或激烈,或热情,或恬静,或暗淡,或阴郁,这一切变化仅是三要素混合搭配的结果。插画的用色取决于表达的主题。每种色彩对于我们的感知和思维都有独特的影响力,了解这些可能的反应最终可以帮助设计师正确地传递信息,引导用户按照设计师的视觉走向来执行。下面是一些颜色的基本特征和含义:

- 红色,象征热情、信念、激情和愤怒,它是充满活力和温暖的色彩,给人带来兴奋的感觉。

- 黄色,传递幸福、安心、阳光、喜悦和温暖的情绪。

- 绿色,给人健康、清新、富有生命力。

- 蓝色,商用必选,企业常常会使用蓝色来传递沉稳和让人信赖的感觉。

- 紫色,梦幻,财富关联密切,这也是代表神秘和魅惑的色彩。

- 黑色,冷酷、忧伤的悲剧情绪,但是也能营造深沉大气的仪式感。

- 白色,代表纯洁无瑕,传达优雅、纯粹和清新的感觉。

色卡

作品源自 icon 练习作品 @ 南诺 Nanuo

　　中国有五千年历史，流传至今的国宝各个饱经世故。宋朝时期有一个典故，传说宋徽宗曾经做过一个梦，在梦中，大雨过后，远处天空有云彩的地方，有着一种十分神秘的天青色，格外令人着迷。在他醒来之后，他便作了一句诗"雨过天青云破处"，他将这句诗拿给工匠参考，让他们根据这句诗来烧制出他想要的颜色，一时间，这件任务不知道难倒了多少能工巧匠，最后还是汝州的工匠技高一筹，将其烧制出来。而宋徽宗则亲自为该色定名："雨过天青云破处，这般颜色做将来。"当然这只是一个传说，我们也不知真假。天青色釉也成为汝窑瓷器的典型特征，甚至于说是宋瓷的巅峰也不为过。每一个色相都源于质朴，生发成花，这些花是设计者创造又赋予生命，所以插画的色调也是一种赋予。请保持对色彩的敏感，细致入微地调整才能让作品出神入化，巧夺天工，成为一名真正的艺术家。

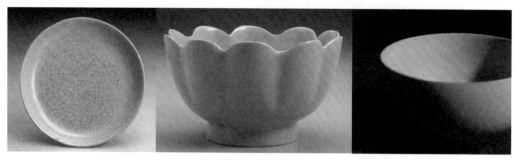

宋徽宗汝窑陶瓷

下图源自天猫2017 VISUAL IDENTITY SYSTEM，图中有非常有趣的分析感知和行业色调，如果你是职场小白，一定不要错过这些老道的行业分析，必定姜还是老的辣。全产业链条是国家生产力的体现。设计师作为一个个体是无法理解行业深度的，但是有些行业具有相通性，可以从视觉规范中寻求到。为了让设计者更充分理解企业在行业中的定位，设计中利用色彩来强化企业品牌，让大众加深认知。未来的新兴企业，选择具有个性气质的品牌定位会越来越普遍。

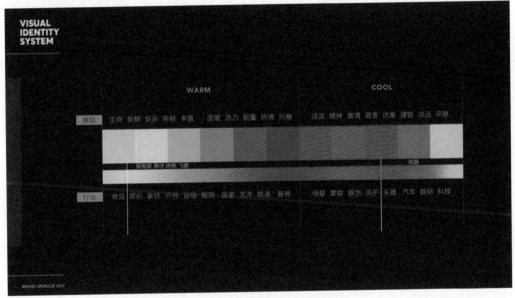

2017 VISUAL IDENTITY SYSTEM

上图通过色谱来区分行业，下面来了解一下软件中常用到的调色功能，更好地理解三要素。

打开Photoshop，在顶部导航中选择窗口→调整面板。调整面板是调色面板的集合，所有跟色彩相关的调整都整合在这里。首先介绍一下色相/饱和度面板，下图中属性面板非常清晰地将色彩中的三要素分化出来，直观地告诉大家色相的所有颜色范围，饱和度从灰色到纯度最高，明度代表黑白，换句话就是光的明暗。

下图中有三张照片，分别运用了色相/饱和度面板中默认值内的·氰版照相·增加饱和度·深褐这3个默认功能进行调节。

色相 / 饱和度默认设置中选项效果参考

想要相同饱和度和明度的色相，具体操作步骤如下图。例如：选择一个色值（ff9999），只要不变动饱和度和明度，就可以取得相同饱和度和明度的色相。在插画设计中这种方法非常多见。

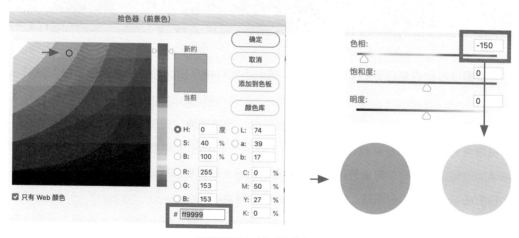

设置相同饱和度和明度的色相

如果需要更加微妙的色彩变化，可以通过下图中色彩分类或者"手"型图标点选吸取页面色值，软件会智能判断色彩类别，可以根据具体的色相扩大面积调整色调。

黄色系的整体偏色调整

在黄色范围内扩大色彩范围，只需要调整下面的色值范围即可。除了案例照片，还可以对色差比较大的照片调整成统一色调，这种调整比较适合人像照片中磨皮祛斑效果，非常有效。

下图扩大色彩的选取范围，将图❶去掉青色调整为图❷。首先用"　"按钮选取要修改的颜色，在明度下方界面有两条彩虹色，分为深灰色和浅灰色作为色彩范围标记。可以适当地拖动下方色彩范围手柄，扩大和缩小色彩选取范围，（青色）状态下可以调整饱和度，从−100至+100，或者调整色相，将图❷调整色相到图❸效果。注意越复杂的颜色越需要更细致和反复的调整，图片才会焕然一新。

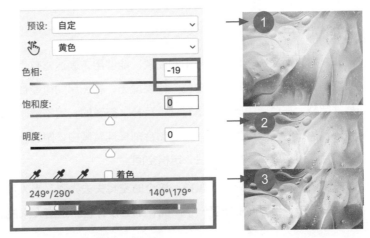

扩大颜色调整范围操作

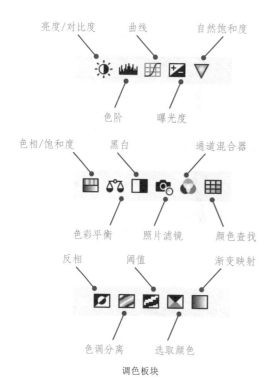

亮度/对比度　曲线　自然饱和度

色阶　曝光度

色相/饱和度　黑白　通道混合器

色彩平衡　照片滤镜　颜色查找

反相　阈值　渐变映射

色调分离　选取颜色

调色板块

左图为Photoshop调整面板全部调色板块。调色面板比较系统地按照色彩特性分类，主要功能就是为了图形中的颜色分离做调整。举个简单例子，一个画家画一幅作品，前期准备除了必要的画材还要准备大量的手稿，单色的、彩色的、不同视角的等，因此成就一幅好作品需要花费一个人大量的时间。现如今插画的发展速度超越了传统绘画，其中一个原因就是人们进入了科技时代，作品中的色彩不需要再一个一个手动修改，靠着软件对颜色的判断，整体把控逐一击破。高效的结果就是将更多优秀的作品呈现给大家。

3.4.2　UI 设计中的色调

我们都知道UI行业发展迅猛，行业带来的设计趋势影响力日渐增大。那么UI设计中反复强调的视觉引导，不仅是图标、版式、内容、动效、操作、视觉心理的引导，还有色彩的面积，浓淡变化，整体色调在产品里识别性的引导，说是引导其实就是人眼对色彩产生的敏感度的追随。

1. 黑与白

非常对立而又统一，是色彩中的抽象。能够用来表达富有哲理性的东西。其中"黑色"代表空、无、永恒的沉默。"白色"代表虚无，有无尽的可能性。这个世界因为有了黑夜与白昼才完整，在色彩中黑与白是对立，互补，交融的，黑不能脱离白而存在，白不能没有黑来衬托，黑白的交融产生灰色，灰是黏合剂牵连着黑白，塑造出无限可能的空间。下面一组黑白照片，镜头冷冽，视角刁钻，定格空间。

关于清晰，当世界只剩下黑白，这个时空将失去光彩，当人们看清生命的本质，那么生活将变得简单，当界面形成了一个产品，那么设计者就是给大家讲故事的人。如下图所示。

2. 深与浅

　　UI界面与插画是截然不同的设计方式。因为界面需要比插画更具备清晰的视觉引导和可读性，插画需要考虑的只有画面感，或者说是感受。当界面出现大量阅读信息，或者大量图文信息时，这一类型的界面就要小心应对。在深色和浅色页面同时存在时，浅色页面的可视程度要高于深色，毕竟人类以光为崇尚对象，从习惯上考虑接受浅色界面的视觉习惯更多。因此可读性差会导致用户体验变差，用户无法阅读更多数据，甚至可能错过关键信息。如下图所示。

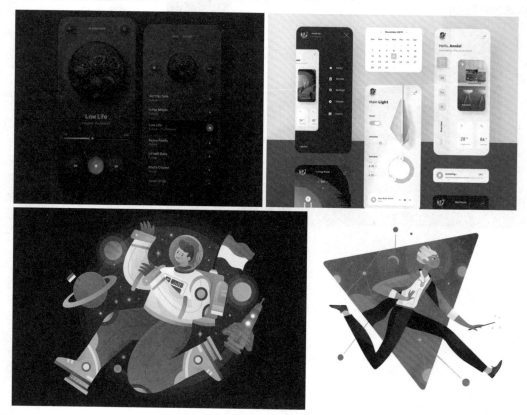

深、浅界面及插画，作品源自互联网

　　以上的观点并不是说深色不宜于阅读，只不过要想让深色更易于阅读需要调整配色的对比度。浅色背景下的文案一般都是深色，那么深色背景下的文案一般都是浅色，例如黑背景下白色文字，那么这种视觉肯定是无法长时间阅读的，所以适当地降低对比度，拉近色调才能更好地让用户浏览。因此，浅色调界面文案设计中色彩也不能强对比，这样浏览感觉会更友好，下图作品源自互联网，作者设计了两稿界面做对比，在这款图书应用中，作者为了护眼模式在色彩对比中煞费苦心。

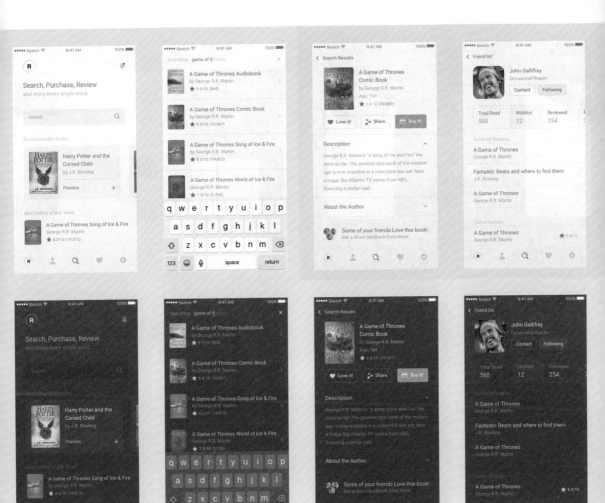

深色背景与浅色背景的对比

　　一般UI界面的色调主要由品牌调性决定，除此之外环境因素的影响也会被关注。还好现在的智能手机具有光线感应功能，光线越强，屏幕显示越明显。在黑暗的环境下，手机屏幕背光灯就会自动变暗，否则很刺眼。关于在自然光下的持续使用，深色背景确实可以产生反噬效果，深色背景浅色文字，如果文字饱和度不高就需要调整屏幕亮度。手机通常使用的屏幕亮光在强光下会变得更亮。相反，在光线不足的环境下，暗色背景会使光线远离屏幕，这对屏幕的可读性也会产生不利影响。因此，颜色组合如下图所示。对比度和阴影问题在这里需要视觉设计师不断解决。这也是为什么设计师会出现两版不同色对比度的设计图。如下图所示。

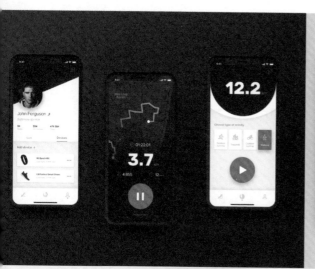

Dribbble.com

3. 强对比

　　色彩的强对比将是未来继续演变的另一个趋势。从深浅跳脱出来，进入明艳的世界。这类UI设计需要注意色彩比例，就像制作一款蛋糕，如果不能科学地配比原料，很可能最后出现的页面会让人无法直视。无论深色界面还是浅色界面掺杂色相都需要注意面积的大小，补色数量的多少，针对主题做适当的调整。

　　皮埃尔·波纳尔曾说："色彩并不能为你的设计作品增添令人愉悦/舒适的质感—它的实际作用是强化这种质感。"

强对比

4. 插画风

从界面中跳脱出来回归插画设计，UI插画才是真正带领UI行业奋起的部分。主流商业插画行业的设计者都在不断模仿这一行业风格，不断地齐头并进。毕竟鲜艳的色彩和有趣的程式化人物的自定义插图才是看点，视觉趋势将继续成为未来的看点。如今，某些公司使用定制插图来展示其品牌价值的独特性。这种设计方法可以使企业对品牌的体验更加个性化，从而帮助企业更贴近客户。毫无疑问，这种自定义插图很"昂贵"，因此选择它们企业将获得很多回报。如下图所示。

Creative Minds、Uran、Dzmitry Kazak、Febin_Raj

5. 小清新

小清新是青春与活力的代名词，"小清新"的设计风格最初指的是一种以清新唯美、随意创作风格见长的音乐类型，也就是人们常说的IndiePop，即独立流行，之后逐渐扩散到文学、电影、摄影等各种文化、艺术领域。偏爱清新、唯美的文艺作品，生活方式深受清新风格影响的一批年轻人，也叫"小清新"。无论是作为一种理想的生活方式，还是个人憧憬的美好意境，小清新都是秉承淡雅、自然、朴实、超脱、静谧的特点而存在的。小清新，似乎已经逐渐成为了青春与活力的代名词，而小清新色调也是如今很多年轻人爱不释手的追崇。如下图所示。

VyTat、Tatiana Bischak、aframehousesnow、dribbble...

UI设计中无论是界面还是插画，色彩都是非常重要的组成部分。合理运用色彩是每个设计师都必须具备的技能，特别是插画师和UI设计师。随着扁平化设计和Material Design的日益普及，色彩理论知识的重要性也变得愈加重要。另外在许多数字化产品的界面中我们都能看到一些明亮的色彩和渐变色，例如，从趣味性和娱乐性App到商业App和网站等。然而，关于明亮的色彩对用户体验的影响仍有很多争议。毕竟好看的衣服并不一定好卖，所以明艳色彩的分量到底需要配比多少，就像厨师一样都是从炒菜多放盐的阶段训练出来的。在App应用中色彩越鲜艳，就越难搭配。为了让用户感到满意和舒适，设计师必须找到一个平衡。色彩和谐是关于设计中颜色的排列，对用户的感知最有吸引力的。设计和谐的色彩组合才能让网站或应用程序获得加分的印象。

2

PART

第 4 章

卡通\人物设计

插画设计在 UI

卡通形象设计

绘画是插画表现的传统形式，除了使用传统绘画工具，也可以使用古朴的艺术形式进行表达，如木刻版画、铜版画、剪纸等，甚至包括街头涂鸦艺术。这些绘画技法是大众和设计者都较为热衷的形式。近代传统绘画形式多样，所呈现的视觉更自由，设计师依靠天马行空的想象塑造视觉作品，同时也要求设计师必须具备很强的绘画功底以及对创意的精准把控力，只有具备这两种能力才能很好地展示插画美感和传达创意。

UI设计中的插画形式源自绘画、动漫和一切有创造力的事物。插画在UI行业中的商业价值随着设计者的大胆表现一次次被印证。插画有很多种样貌，有精致的扁平风格，有微信表情包中的某些"中二"系列，有iPad手绘板风格的小插画，有《纪念碑谷》中错视觉的2.5D效果，插画的一切样貌源自设计师强大的想象力。本章以卡通为例，讲解卡通形象中的设计特点，并从设计源头针对主题和设计思路，分析讲解案例中的各个步骤，同时利用软件的不同功能，灵活地展示设计过程。

4.1.1　动势与比例最基础

1. 动势

简单说是人或物本身在运动或静止状态中产生的运动趋势，是一种自然的状态。速写是利用简练、概括的线条，迅速、扼要地描绘对象的形、神、动态、气氛以及概括场景，是画家创作的准备阶段和记录手段，在设计中也是必不可少的步骤。对象设计靠动势，动势就是骨骼，虽然平面插画不需要动，但是缺失动势的形象是没有情感的。设计好灵活的骨骼姿势和骨骼比例才是人物或对象特有的状态。以下图为例，图中人物的骨骼以单线作为走势，连接线的部分为轴，随着骨骼的任意拉伸会产生不同的肢体动势，轴的连接只要符合生物学原理，整体动势的走势就不会出现太大问题。曾经的服装设计效果图中，很多模特的曼妙身姿在设计稿中都是寥寥数笔，却能恰到好处地体现模特生动状态，让画面更加灵动。

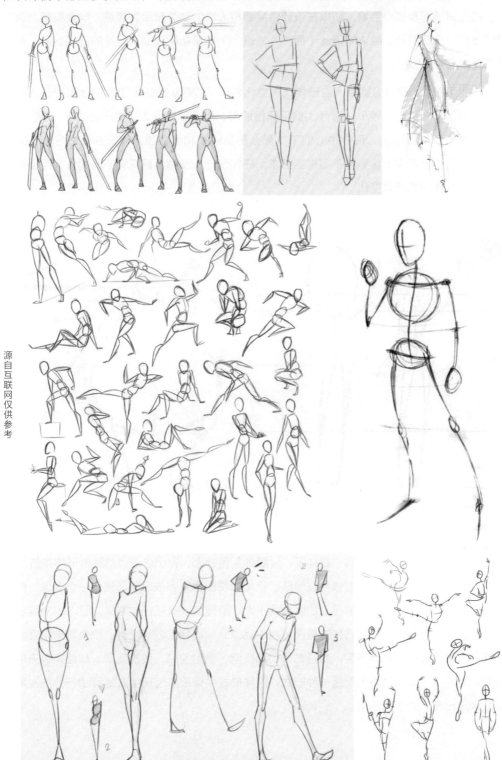

　　从上图设计中，可以感受到线条流畅，动势和比例精准。在人物设计中无论多复杂的外在，内在骨骼都是核心要素。所以在设计中需要将人物的动势和造型提炼，学会概括。这类草稿更容易迅速调整，给人物设计（简称"人设"）在最初阶段提供足够的视觉参考，甚至会帮助产品开拓思路。

　　这里下图❶与图❷分别是人物肢体比例变化对比。图❶头部的大小直接让图形从人物风格上有所区别，头部比较小，适合UI扁平风格插画，而头部比例大，更适合动漫。图❷如果设计了第一层灰色线稿，形体中心偏下，那么粉色线条和蓝色线条是圆形和方形的不同状态，将重心位置不断上移弥补不同视觉需求。任何设计，没有不好只有不同视角，用心摸索才能发现形体间的细微变化。

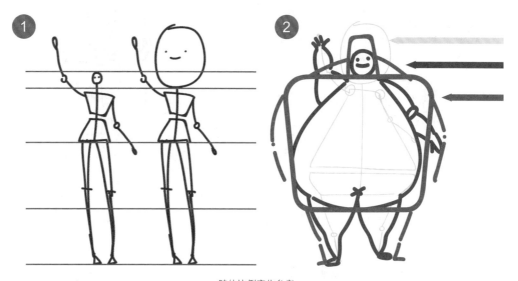

肢体比例变化参考

　　"形体"是骨骼，"五官"是神采，"服饰"是外壳，有了这三点插画将形神兼备。UI插画中的人物设计面部很多时候会被忽略，就像拟物图标发展成扁平风格是一个道理。体量越大表面越需要肌理来填充内容，如果画面不大，肌理就没有存在的意义。所以UI插画设计中，无论是人物还是景物都选择走极简风格。就像北魏时期的敦煌壁画，线条简单高度概括却充满力量。像中世纪乔万尼·契马布埃的湿壁画，造型简单，姿态简单，却让人有无尽的思考。当然扁平风格插画仅仅是一种形式，这种形式中有很多表现手法随着UI行业的发展而不断推陈出新。如下图所示。

形体和服饰

2. 比例

比例是卡通形象设计中另一个关键的要素。关于比例让我回想当年在学服装设计时，老师讲过模特的最佳比例是九头身。古希腊雕像中大量表现出的八头身比例，是公认的身体最完美比例。实际上，除欧洲部分地区外，在生活中很难找到八头身的人，一般人为七头半身，而亚洲许多地区的人则只有七头身。除了极少数人，如罗伯特·潘兴·瓦德罗、马努特·波尔等，符合平常我们说的"九头身"，现实中人会借助外力，如高跟鞋来修饰自身。所以服装效果图中脸小腿长身材匀称的视觉图，都是为了展示服装效果。

UI插画的提炼是一种表现方法，动漫、网游中的人物设计才是形神兼备的例子。下面为了发散思维，我们来欣赏一些出自动漫行业的人物设计，如下图所示。让大家对人物造型设计有更直观的认知，并把这些思路带入到未来设计项目中。

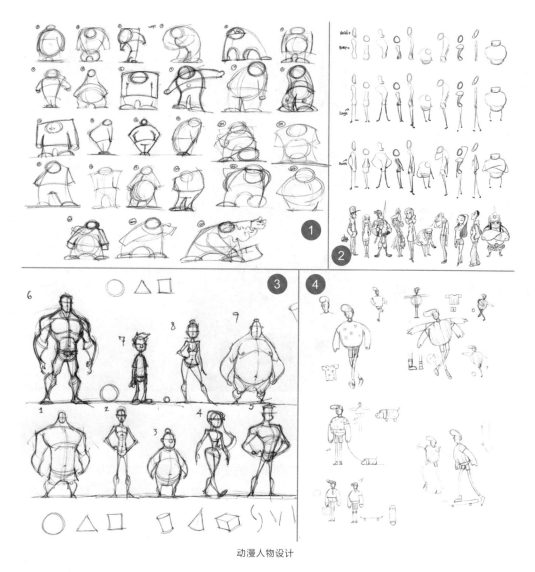

动漫人物设计

　　上图❶，人物的可塑性一目了然，但似乎与之前所说的骨骼动势略有区别，这是一种以外形来驱动肢体的画法。图❷，如何让一个干瘪线条丰满成型。设计和绘画一样都是一种未知，没人知道设计最终效果和起初脑中设想能否完全吻合。就是因为人们对创意灵感的热爱，才会让很多设计师沉迷其中，脑洞大开。图❸，图下方画了一些平面和几何图形，人物从正面站姿到侧身行走都透漏着一种自然。所以当你拿不准人物动势时，充分利用几何图形的透视和穿插组合，一切都能搞定。在前3张专业图形衬托下图❹略显个性，这是一张典型UI插画草稿图，人物造型可爱，肢体比例夸张，完全符合UI插画用最少的线和形概括物体状态。下页图出自不同艺术家，让大家脑洞大开，感受素描线稿带来的视觉空间。

从上页手稿中不难看出每件作品都非常有特点，在平面卡通插画中人物的五官、形体、服饰这三点很容易吸引眼球。而扁平插画设计需要学会取舍，或者说是简化。大量UI插画案例中，人物简化五官，突出肢体动势和服饰色彩，去掉材质的修饰，增加用户对产品配图的好感度和记忆点。毕竟人物形象设计很难把握，图形复杂度降低，也会让图形整体设计感互相制衡，风格保持统一。

下面将线稿平面设计提升到动画人物设计，"小黄人"出自动画电影，这个长得像胶囊一样的物体，除了会卖萌搞怪，竟然还拥有与人类般细腻的情感，带动剧情让观众热血沸腾，如下图所示。小黄人的身体比例完全可以用粗暴来形容，却非常有特点，他既没有凹凸有致的身材，也没有与世界抗衡的大脑，导演却给了他身体比例之外的恩赐，那就是蠢萌的生活状态。当然眼睛是心灵的窗户，虽然是戴着眼镜的大眼睛，也不妨碍他们有萌翻整个银河系的气场。这种胶囊版软体动物的动势全靠嘴皮子和组团卖萌来带动剧情。

高颜值动势设计非游戏莫属，游戏与动漫如同连理枝，互相促进共同发展，其专业性和行业地位有目共睹。如果各位小伙伴未来想成为CG造梦者，打好手绘基础是重中之重。游戏属于IT行业，用户只需要一台电脑或一部手机就可以被牵引进入设计者筑造的虚拟世界。当然这种掌控背后需要强大的团队支持，上到人物设计，下到场景搭，还需考虑整体故事性，程序开发、调试等方面。一款好的游戏不仅能创造商业价值，还能带动周边产业发展。Julen Urrutia是一位专业CG艺术家，作品在artstation.com网站展示，人物的形体、五官、服饰都细致编排如下图所示，图❸延展作品生动展示了人物性格特点。整个步骤详尽介绍了设计者的想法，对初学者是很好的教学展示。

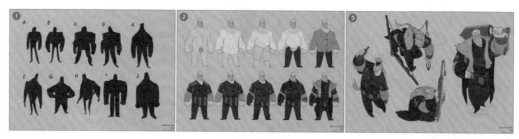

Julen Urrutia

同时网站中有很多知名CG艺术家进行作品发布和专业交流。下图6组插画，设计师各不相同，有一些是素材网站作品。下图的视觉设计主题可归为"跑"或"动"，有趣的是图❶与图❹部分插画人物的动势与比例完全不同。图❶~图❸人物的跑或动都充满活力，而图❹~图❻与现实生活极其接近，画风也更规范。

作品源自互联网

首先说任何插画设计的核心是主题，画面是为主题服务的，而漫画的核心是剧情，没有剧情的画面就毫无意义。然而人物无论是在插画还是在漫画中都需要适时地展示自己肢体语言，任何"人物设计"都需要先以动势为基础展开设计，在某些商业漫画作品中动势关联着结构，也关联着剧情，结构不舒服，观感就会很奇怪。必定插画作品中单幅居多，在UI插画的简单构图下，配合的动势需要更有冲击力、更精准才行。另外，插画的动势在整体画面中还是很重要的，如下图网络游戏中各个古风人物设计，这些适合各大平台进行网络宣传或海报展示的人物，呆板动势基本没有，反倒是加大身形比例的图形视觉感更加有张力。

网络游戏图仅供参考

本节强调动势，但不强调无休止的变形和跑形，人物的整体形象设计终将归于环境主题和人物性格所带来的真实感受，只有从本质出发才能带来感动的作品。

4.1.2　扁平人物从"线"开始（AI）

　　跟UI界面设计中的排版相比，插画仅仅是一个视觉元素，起到美化产品与视觉说明的作用。大多初学者做插画可以尝试从衬托环境的理念入手，设计中并不会过分追求形体服饰的细节，也不会要求面目五官的具体情绪表达，只要将画中人物的动势交代清楚，所有画面场景和色彩搭配和谐就可以。先从一些简单商业插画的形式做起，至于风格则需要设计者不断积累作品，就会水到渠成。如下图所示。

　　以上图为例，人物的肢体像折纸一样，利用线条的粗细变化绘制人物的肢体动作与服装，人物脸部设计要尽可能简化，因为绘制这类插画人物多半作为场景的一部分，或是作为场景点缀。如果展示特写，例如半身像，人物的五官以笑脸等常规表情居多，人物身形简化突出大面积配色，给画面增添活力。本段操作运用Illustrator，下面开始演示，如下图所示。

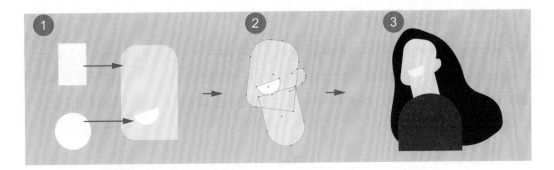

第1步：脸部设计分解

如上图❶，人物的脸和嘴分别利用矩形工具 ▢ 和椭圆工具 ◯ 进行图形构图。在 Illustrator的操作中矩形工具与Photoshop的矩形工具在功能使用上截然不同，很显然矢量工具的操作更快捷，例如图形导角更自由。在AI中形状的调整可以整体也可以局部，按住快捷键"A"直接框选或单独点选都行。在图形导角过程中，单独双击圆点会出现下图"边角"面板，针对导角数值进行精确调整。人物脸型没有4个角都改变，而是保留一个直角，将直角边与脖子叠压保持连接状态如上图❷所示。

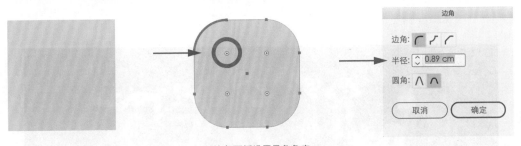

边角面板设置导角角度

上图❶中嘴部设计是利用椭圆工具删减圆形顶部点，只留半圆。从造型角度思考半圆的"笑"适用度最高。耳朵部分利用画笔工具 ✎，迅速画出线条，通过快捷键Shift+X将描边切换成填色状态。将图❶增加发型或修改发型。很多时候钢笔工具和画笔工具是根据每个设计者的使用习惯来定的。作者建议如果要提高效率，两者交替使用能带来互相弥补的作用。完成效果如上图❸。

嘴与耳朵—设计过程

第2步：人物肢体组合

借用阿根廷艺术家Xoana Herrera的作品来了解一下人物插画中肢体动势的魅力。Xoana Herrera是一个非常有创造力的艺术家，设计作品在Behance中的追随者非常多，主要原因是她的插画风格鲜明，抽象中不失情感，灵活的线条让人设鲜活有趣。如下图所示。

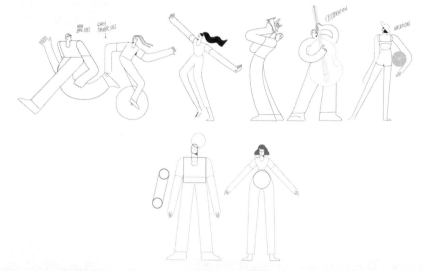

　　人物设计和创作都需要围绕主题，人物动势需要配合场景变化。初学者要避免闭门造车，很多人都对人物的肢体摆放没有精准的把控，可以尝试参考素材图片，如下图，模仿图片中打球人物的动势，比例和延展部分的设计需要设计者自己驾驭。另外大家需要分析扁平风格人物具有哪些特点，例如Google插画中就经常出现人物身体比例非常夸张的设计，例如头小、腿长、身体宽厚的人物设计。UI插画中头部比例偏大的风格很少见。一般这类比例多出现于漫画萝莉风或儿童插画中。

　　大家还记得木头人吗？下图❶将人物的肢体动势以连接蓝色圈为固定，红色圈为轴进行肢体弯曲。例如腿的膝盖部位为红色圈，膝盖高度表现人物年龄，身体状态，腿的粗细程度来表现人物的胖瘦。骨骼结构的一举一动都能带来微妙变化，所以扁平风格人物是一种简化人物设计的好例子，只要你能利用好这种骨骼形式的设计，人物形态就不会难倒各位。

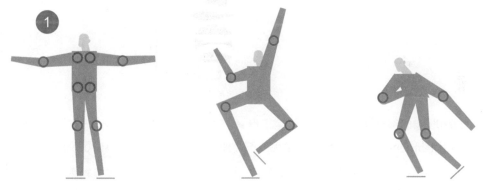

　　下面以下图为例来绘制人物。图❶为完整图，图❷～图❿为分解图。

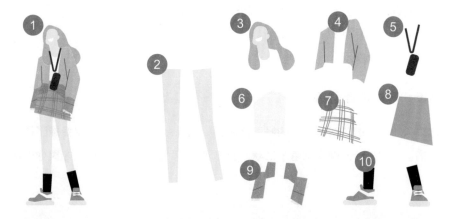

图❷腿部线条，选择直线工具 ✏️ ，直线工具和钢笔工具的区别在于直线是线段，钢笔工具会持续绘制，直线工具不能绘制成形。选择直线工具快捷键I按住Shift键画一条直线，填充描边颜色，色值为fbe1d9。选择宽度工具 ✏️ 按快捷键Shift+W，将线条一端缩小到小腿粗细。注意宽度工具针对直线工具和钢笔工具进行编辑，画笔面板中圆形系列的笔刷不可用。宽度工具修改出来的线条可以通过面板添加到配置文件中，就像笔刷一样可以重复使用。

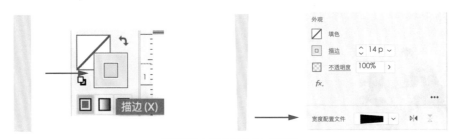

属性菜单中的宽度配置文件面板

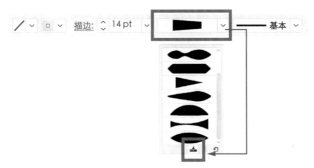

顶部菜单中的变量宽度配置文件面板

图❷和图❸的部分操作都利用了画笔工具 ✏️ （B），毕竟参考衣服的外形图片之后需要大概勾画出图形的边缘，如果你能一笔完成不需要修改，那就说明你具备了插画设计师的基本素养。如果不行还需要回到钢笔工具 ✏️ ，对图❷服装做进一步修改直到满意为止。图❸的线条完全可以随意一些去画，不需要过多修改，只要将图形最终归属于裙子底色图形范围内就可以了，利用鼠标右键（建立剪切蒙版）即可。如右图所示。

第3步：产生设计灵感

设计趋势随着人们对新鲜事物的好奇而萌生新的混合元素，日积月累变成了每个设计者表现的风格。任何设计的操作都基于形状，甚至源于点、线、面的搭配。如果你还沉浸在超写实的记忆中，可能回归扁平就像在打草稿。下图抛砖引玉，借用网络上设计大神的作品，以及文艺复兴时期最著名的雕塑作品《拉奥孔》又名《拉奥孔和他的儿子们》为设计方向，展开简化设计。如下图❶所示，雕塑的体态表现在人物蓬勃的肌肉和强劲的动势拉伸，雕塑的故事内容是希腊神话中悲伤的一幕，作为演示去掉了造成悲剧的蛇改成了坐式投篮。图❷为线与宽度工具，将人物身体与四肢进行组合衔接的演示效果。在这里需要讲一下AI的直线工具和钢笔工具。一般的线最多就是粗、细、长、短变化，宽度工具让线形变得可塑。

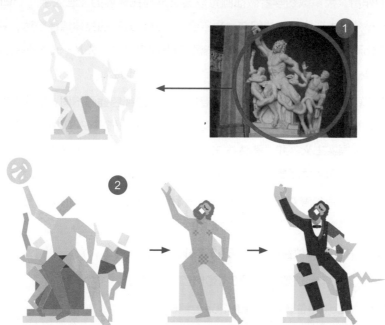

AI 的线性动势解构的演变思路

以下三张图是针对人物的发散设计，想要"形"成为"体"就需要增加一定的明暗关系，扁平风插画的明暗关系不是黑白，而是相近色相或相近饱和度的色值，另外风格简化需要对形体的设计比较果断，形体在整体构图中可以当小品来处理，周围留足够的空间即可。以上是利用"线"设计人物的思路和过程。大家在今后的学习和练习中可以选择自己喜欢的风格尝试设计。另外这组设计是给"手残党"在前期起稿打个样，实际的设计中，随着视觉的高度和复杂度的增加，还需要整体协调。

4.1.3　渐变人物小品（AI）

跟UI界面设计中的排版相比，插画仅仅是一个视觉元素，起到美化产品与视觉说明的作用。大多数初学者做插画可以尝试从衬托环境的理念入手，设计中并不会过分追求形体服饰的细节，也不会要求面目五官的具体情绪表达，只要将画中人物的动势交代清晰，所有画面场景和色彩搭配和谐就可以了。先从一些简单商业插画的形式做起，至于风格就需要设计者不断积累作品，慢慢水到渠成。

本段利用了更多详尽的渐变色进行色彩混搭，与一些纯色插画不同，混合渐变和混搭的设计出自波普风格（是一种流行风格），它以一种艺术表现形式在20世纪50年代中期诞生于英国，又称"新写实主义"和"新达达主义"，它反对一切虚无主义思想，通过塑造夸张的、视觉感强的、比现实生活更典型的形象来表达一种实实在在的写实主义。

大家可以按照颜色参考对照设计素材——分解图的色值，如下图所示。在AI中渐变有3种形式，主要利用线性渐变和径向渐变进行上色，设置如下。

- 下图❶：83bcb4位置0%，ef8e39位置88%。
- 下图❷：e794ad位置0%，48489b位置100%。
- 下图❸：92c1b9位置0%，ef826a位置66%。

- 下图❹：4a72a9位置0%，ef826a位置66%。

- 下图❺：92c1b9位置0%，436190位置100%。

- 下图❻：f5c449位置0%，ef826a位置100%。

- 下图❼：de858d位置0%，b9392d位置100%。

颜色参考与设计素材（分解图）

这张作品里的花瓣、叶片主要利用手绘板选择画笔工具，这样的操作很随意，没有具体形状的限制，同时大家可以注意画面左部的花朵叶片只是一个形体的不同翻转，也就是我们常说的量化设计，不需要很多的形状，仅仅设计一两个叶片就可以完成整片森林。花卉也只有两种，在大小上做了差异化设计，跟人物产生反差对比，给画面童话世界的感觉。色彩部分比较关键，很多人在色彩方面没有想法，推荐大家尝试去网站截屏操作，截取设计类的分类页面，这样有更多成熟的色彩供大家参考，在设计时可以反复吸取调整。当然审美的提高需要日积月累的持续学习，路是有捷径的，但是设计的高度是需要勤奋加坚持。如下图所示是完成效果。

Banner 中的人物（AI）

Banne是广告的一种形式，最初源自网络，作为品牌活动推广宣传的图片，也是活动入口。Banner广告形式一般在网站或手机端界面的上、中、下任意一处，以横向贯穿形式为主。当然在网络中还有另一种广告形式，例如button按钮型广告。而button广告多以浮动在不同角落的形式出现，它们的目的是吸引点击。二者比较而言，Banner的形式一般多出现在常规设计中，比较规范，容易让大众接受。从品牌的角度出发，如何在众多商品中成功运营Banner打响口碑，是产品和设计师共同发力的方向，对于设计师而言巧妙利用插画来助推Banner设计再好不过了。下面我们就来欣赏一些网络中的Banner作品，如下图所示，从构图到色彩搭配，从主题文案到设计内容，需要大家认真分析参考，观看的同时展开联想，给自己模拟一个主题为实战做准备！

作品源自互联网

从以上这些作品中不难发现，Banner多以文案加配图的形式为主。文案中包括主标题、副标题、时间、地点等。网络Banner如果需要投放到其他平台还需要在画面左上角或右上角增加自家品牌LOGO，以便更好地被用户识别。主标题与副标题是互助关系，主标题表达不够全面时副标题就可以作为补充说明。主标题的设计多以艺术字为主，到底选择手写字体还是系统字体都需要对字形有所了解。如今无论是字体版权、图像版权、人物版权、音乐版权、专利版权等都意味着随便拿别人的东西必须慎重和尊重别人。如果你是设计里的小白，提前搞清楚（版权所有），这是走入职场的必修课。在上一节人物动势部分介绍中，讲解了人物的动作可以利用木头人的思维来摆放，如果这一招不能让你画出姿态理想的人物，那就只能找照片做参照或描摹了。大家未来想要奔向人生巅峰，提高自身设计能力势在必行。

下面以旅行为主题，设计一幅宣传图，这里大家不要混淆，Banner就是宣传图，只不过有大尺寸和小尺寸，大尺寸可以成为头图，一般出现在网站明显位置，也有吸引用户注意力的作用，小尺寸适用于各个宣传投放平台或手机端。

以"旅行"为主题实在是非常宽泛，很多人脑中一定有向往的目的地，例如看到中国各个地区秀丽的自然景观宣传照片或视频，会情不自禁放飞思绪。例如旅行的画面，或者去过的名胜古迹，浏览过的自然风光，见不同肤色的人，聊各种有趣的话题，等等。下面的设计思路是希望有一群人可以结伴同行，大家或熟悉或陌生，重要的是都非常开心。既然是一群人，这些人的形象就有男有女，而且造型服饰各不相同才行，还需要有一个背景环境与人物配合。本节设计人物方面依然以线形设计为主，配合同一场景的不同色调，让大家通过设计对比了解色调给画面带来的力量，同时巩固上一节中线条人物的设计流程。

第1步：开始设计人物走路的动作

如果有些同学拿不准人物动势，可以参考披头士发行于1969年9月26日的专辑Abbey Road拍摄的海报，如下图所示。

选择钢笔工具 ✐ ，临摹人物走路的姿态，线条中的关键点不宜过多，自然地抓准位置。下图❶完成后，开始下图❷，选择宽度工具 ✍ 快捷键为Com+W，将人物四肢画出上粗下细的效果。腿部线条和胳膊的线条粗细不一致，皮肤色值为：FBE2D9、FAD2BF、F8C7AE、ECC8BD。提供这4个皮肤色号仅供参考。下图❸为宽度工具完成组合效果，这里宽度工具在使用过程中只针对画笔中（基本）线条或钢笔工具以及画笔库中的画笔进行修改，鼠标在线条上移动时会出现定位点，向内或向外拖动鼠标线条形状会产生收缩和扩张变化，选择定位点删除操作取消。

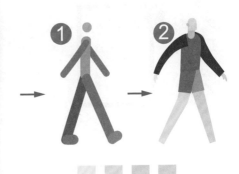

披头士 1969 年 8 月 8 日于艾比路上拍摄

> 任何设计都不能一步到位，所以当你在描摹人物肢体动势时如果形状并不理想，说明基本功比较薄弱，最好的办法就是多练习，勤能补拙。但不要卡在这里，请先理解设计思路，可以按照自己的方法来操作，毕竟设计思路并不只这一种，不要轻易放弃。曾经有个一起学习设计的朋友，因为性格中有一种遇到困难就退缩的性子，以至于如今被铺天盖地的后浪埋没在沙滩上。

这里宽度工具除了针对每条线进行设计，还可以在宽度配置中留存操作，在之后的设计中不断套用。这里的操作可以保留线段，除了插画还可以用在字体设计、图案循环设计中。利用线条固定的形状，只靠长短就会设计出线，即是面的图形。如下图所示。

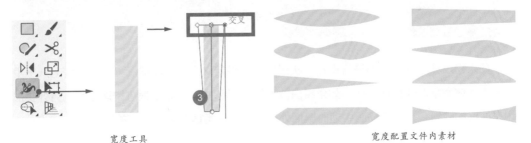

宽度工具宽度配置文件内素材

第2步：设计面部和发型

下图❶是面部的设计过程，需要一个矩形工具，将脖子、耳朵和嘴进行组合。下图❷为发型设计参考，扁平风格设计的图形可以多利用几何图形的循环，或用画笔工具画一些不规则图形。在这里人物参考有很多，例如淘宝上很多产品宣传图或生活中的一些常见发型。在这里有些设计者不会画的原因有很多，最主要原因是脑中空空、毫无概念。例如妈妈、少女、小女孩都有非常有特点的发型，多去观察找到突破口，问题就会迎刃而解。

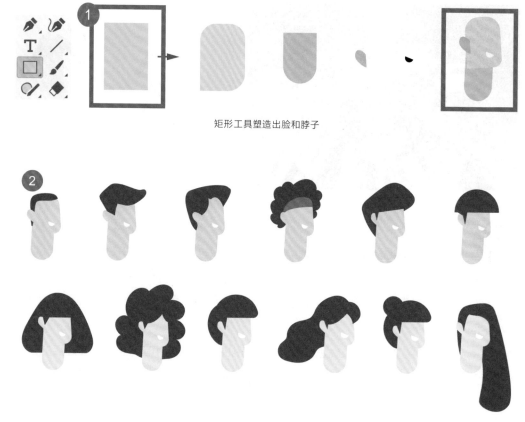

矩形工具塑造出脸和脖子

男女发型

在人物设计中除了面部符号识别，头部造型也是定义人物年龄的部分。像一些七八十岁的老人，体态依旧保持得不错，如果将白头发染成黑色，从背影中很难辨认年龄。另外头形也是性格的映射，在扁平插画中适时概括外形，是对这类插画风格最好的提炼。

第3步：组合人物增加服饰和配色

给人物的头和身体搭配组合，衣物围绕身体形状为主，因为会出现不规则的形状，主要利用钢笔工具进行绘制。人物肢体动势参考了披头士，人物的整合外形和人群组合形式可以参考下图古埃及壁画《正面律》的形式，身体是正面、头是侧面。

下图❶为分解图形，让大家清楚该图的元素组合。下图❷是3个完整人物，服饰由短到长。在这里人物的绘制过程中线条不但可以利用宽度工具增加粗细变化，还需要利用配色让人物的身体有前后之分，例如走路不要顺拐等。

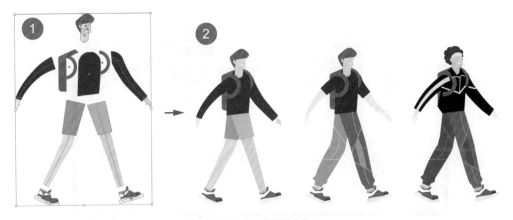

组合之后服装搭配变化

配色：色彩是每个插画的灵魂，一幅简单的图画配上适合的颜色会让整幅画面截然不同。那么相同色系，相同饱和度的颜色如何调配是大家必须搞清楚的问题。如果是在Photoshop里，需要利用调整面板中的各个专属调色利器，但是现在是在Illustrator里一个矢量图软件里，我们该如何是好呢？

推荐大家一个快速的方法，将设计类的网站或色谱截屏，截屏的界面色彩必须丰富。然后将图片直接置入画面中，对中意的颜色进行吸取，置入的图片需要进行筛选，符合设计主题的色调，或者符合同类型主题才行。这样不算抄袭，只能说很多成熟的设计师在色彩判断中已经果断地进行了选择，你要站在巨人的肩膀上努力攀爬。

上图设计中，细心的朋友不难发现，人走路时腿是否顺拐，并不仅仅取决于腿部颜色，实际是依靠颜色和形状的双重设计才能交代清楚腿部的位置。大家参考下图❶、❷、❸这3

个部分腿部的变化，图❷是最保守的搭配，不容易产生视觉差，一般浅色在前深色在后会好些，像下图❶。

左右腿深浅颜色对比

第4步：增加背景

在之前的案例中讲过一个词叫"量化"，植物的设计非常有趣特别是在扁平类型插画中，简单的植物外形和一些色彩就能组成一片茂密的丛林。下图为元素分解。

元素分解

在AI设计中的图形尺寸是可以设置成像素的，只不过矢量图形换算成厘米非常好设置，本操作纯属个人习惯，大家仅供参考。下图❶叶片的设计利用矩形工具，先将上两点导角，角度不要过大，因为我们需要在中间同时增加关键点，画出叶片的尖角和凹角，垂直向下移动（按住Shift键），上点比下点多移动10毫米。然后对曾经的长方形下两点导角到最大，上部3点继续导角就画出一个略像心形的长叶片。增加渐变色值：abce68位置0%，5b9160位置100%。下图❶为图形中心点位置，图形尺寸和锚点仅供参考。复制图形再制作半个叶片，利用剪切蒙版工具完成，或者更简单的办法就是直接删除一半即可。

在叶片绘制中，修改过程中选直接选择工具 ⯅，快捷键A，配合钢笔工具对图形线条的锚点位置的弧度进行修改。直接选择工具和钢笔工具都可以将锚点进行尖角和平滑的切换。如下图所示。

钢笔工具和直接选择工具转换锚点属性

利用直接选择工具将圆形的上下两点转换成尖角，按照下面图形演示收缩圆形的宽度和高度，就可以完成2个叶片的绘制。

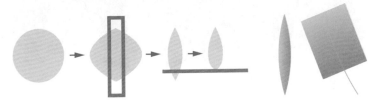

绘制叶片

不规则叶子的设计利用画笔工具 ✎ 完成，图形多复杂都能利用手绘板一"绘"而就。形不准的地方通过调整锚点就能解决。下图❸为单一元素到"成组元素"的组合过程，以下开始量化。

"成组元素"组合

　　量化的过程是元素复制并整合的过程，在这里可以利用一些渐变色的线模仿叶片的茎部，使叶片之间产生穿插感。另外过度重复让画面看起来呆板。适当利用镜像工具▷◁调整元素角度，打乱元素位置给整个画面增加更多戏剧冲突。扁平插画设计并不需要画面有多复杂，整体视觉要靠色彩来打动用户。如果说你认为上面的设计就这样简单结束了，那就错了。其实这只是个开始，下面调整几套场景，让大家感受下不同色调下的视觉，也是设计者在设计中需要反复推敲的过程。

参考图片和照片色调

上图❶是一张源自网络的照片，如果大家在设计过程中对色调毫无头绪，可以参考色调和视觉方向，毕竟初学者最缺的就是思路。所以最开始的学习过程中切忌闭门造车，一定要多看、多思考、多比较。上图❷是部分场景设计元素，例如云、植物、山和个别单独调色叶片等。注意：植物的目的是烘托气氛或环境，按照色调分为前景色和背景色。画面中调色相同的图形可以整体用吸管工具吸取，不用逐一修改。叶片中有些线的部分，例如植物的茎秆也可以一起调色再逐一修改（填充和线条的属性），这样设计效率会高些。

上图❸色调以夜间穿越非洲某处丛林为假想，参考了一幅夜幕樱花盛开的照片。将前景、中景、远景按顺序群组，这样在修改的过程中不会混乱。AI和PS的图层运用是有差别的，在AI设计中我本人很少选择图层，在PS中基本都是围绕图层和图层样式进行设计修改，这是两个软件的区别。本图在调色过程中修改了部分植物的角度和大小，同时增加了地光，因为底部植物缝隙间会透出背景色，看起来比较杂乱，为了让色彩过渡得更整体，地光选择了跟叶片接近的橘色做渐变进行调整。

上图❹色调整体偏清淡，参考了一幅海角天涯的照片，风景如画。跟之前的色调相比有种清新、自然的感觉。调色中适当地增加品牌色尤为重要，养成对品牌服务的意识，是一个设计师最基本的素养。另外注意元素组合所带来的群体之间干扰，也是设计本身会有互相排异性，协调色调与之前元素相互配合，才能不断产生新的视觉效果。3张背景图的视觉效果各有千秋，下面给Banner增加主题才算真的完成。

第5步：图形整合

作为Banner设计的最后一个环节，字体自然融入背景中就显得尤为重要，有句老话说：编筐编篓全在收口。之前再华丽的设计没有主题的迎合也不算完成。本段设计将从Illustrator转回Photoshop中，设计进入视觉整合阶段，请选择第一张图做完整效果。

在Illustrator中将场景和人物分别群组并分别复制（Com+C），打开Photoshop新建一张画布1024像素x470像素，分辨率为72的文件并粘贴（Com+V），选择智能对象，单击确定按钮。置入文件如果没有满屏按Alt键拖拽至满屏并按Shift键。相同的方式将人物置入文件中，图层在场景上层。

书写文字"一起去旅行"英文"stepgreenday"字体颜色为白色，字体设计过程需要根据画面来选择符合的字形，旅行是一件很自由的行为，所以没有选择那些商务性强的字体，而是选择了偏手写或者间架结构粗犷的字形。如下图最终效果所示。

字与字之间的间隔略微大些，穿插在行走的人与人之间，让画面更饱满。字体的图层位置要在人物与背景中间。设置图层样式：外发光，混合模式：颜色加深，不透明度：65%，色值：d7adaf，大小：40像素，范围：27，单击确定按钮。将图层样式复制到英文字体上。

这里为了让设计略有区别，没有把英文字体直接放在汉字下方，而是拉大行间距立在了Banner的左侧，0601是时间或者可以理解为站位数字或假字。如果在项目中还需要增加LOGO品牌的位置，那么0601就是常规位置，也可以在画面中配合文案更加突出。下图❶背景与图❷文案、人物组合完成，接下来整体增加滤镜效果。

最后选中图层最上方按快捷键Com+A选择顶部菜单编辑—合并拷贝（Com+Shift+C）—粘贴（Com+V）将所有图层合并成一张完整图后，继续选择该图层—右键—转换为智能对象，选择顶部菜单滤镜—杂色—添加杂色设置如下图，数量：6—平均分布—单色—确定。这样就完成一张带有颗粒质感的Banner图。

文件 PSD 图层

添加杂色设置

04-03

卡通——猫

　　猫，作为人类最喜爱的小动物与人类关系十分亲密。猫的性格有黏人、爱撒娇、好奇心重、爱干净、记忆力强等。作为这个世界上最会卖萌的小家伙，它的可爱、淘气、孤傲、冷漠、神经质都是"猫奴们"无力抗拒的心结。

　　因此在设计中，用猫来吸引眼球，集聚人气的案例比比皆是，例如1974年诞生的Hello Kitty，中文名：凯蒂猫。凯蒂猫的成长经历了3位设计者的不懈努力，在个性上更生动的描述，让它似乎变成一个活生生的人，就像生活在你我身边的好朋友。第二个例子是在Instagram上，来自日本的插画师flooflers会经常分享自己的手绘作品，有趣的是，他的每幅作品都和猫咪有关。其中有一系列插画还将猫咪和各品牌LOGO进行结合，让网友看了直呼如果这是真的LOGO，那他肯定买他们家的商品啦！第三个例子是一系列猫的电影、动画片等创作。这一切都说明卡通受众的广泛，因为这些设计中充满了爱和温暖，给我们的生活增添了无尽色彩。

　　本节以猫为主题，通过一些网红图片、作品、参考案例等，从图形中吸取外形、表情、姿态，并利用PS与AI软件的特性创作符合视觉逻辑的效果图。尽量就地取材，让作品在后期合成中变得更完美。

HANG IN THERE,

BABY

すみっコぐらし

Happy New Year

@CG家 www.cgvoo.com

4.3.1　插画中用 AI 线条起稿

猫是人类最好的伙伴，它有着孤傲的天性和偶尔黏人的小性子，曾经有网友非常仔细地观察了猫的生活习惯。例如打呼噜，表示它心情很好，很高兴，伸展四肢，很懒散的时候，也会发出呼噜声；此外在它生病或痛苦时，也会发出长鸣的吼叫声，想靠近人类，准备撒娇，瞳孔微微放大，蹭着周围一切可蹭的东西，尾巴直立或轻轻摇动，一眼就知道它想靠过来，想要小鱼干；吃饱了高兴的时候，舔舔嘴，舔舔掌心，坐定，摇尾巴，小声叫，表示"我吃饱了，好满足，好高兴"；迷惑、烦恼、愤怒时，身体低低地站着，尾巴垂下，慢慢地摇动；喜欢自娱自乐，例如踢东西、抓影子、跟着逗猫棒跑等。如下图所示，设计者通过三维的视觉效果，将小猫复杂多变的性格特点刻画得惟妙惟肖，这么多大眼睛表情真是设计师学习的宝藏啊！

图片源自 Dribbble

卡通表情在设计前需要确定"人设"，最首要的就是性格。例如，Line系列中的布朗熊，永远是一张冰块脸，对待事物永远处变不惊；又如，动画片猫和老鼠中汤姆猫的性格，既浪漫又爱幻想，既虚荣又有些自恋，既善良又胆小，属于一个性格多变的家伙，在生活中就是个普通人的形象。所以下面给猫确定一个"人设"，例如活泼可爱，表现的表情包括微笑、高兴、可爱、无语、吃惊、疑问等。如果性格是冷酷别扭猫，表情就包括面瘫、没精神、疑问、吃惊、傲慢等。表情越丰富，其性格越多变，这就是卡通人物表情可以突破的一条思路。另外，卡通表情设计需要分清主次，细微多变的情绪可以通过之后的案例或需求慢慢发展衍变，如右图所示。

说了这么多，下面我们就来尝试用AI软件画一只线稿小猫吧。

打开Illustrator，选择画笔工具 ✐，打开画笔面板（窗口—画笔）设置。先来熟悉一下AI软件对于线条的定义，下面的操作职场小白都很容易上手。注意，如果初学者没有能力创作，请先熟练软件，学会模仿并逐渐进行修改再创作，熟练掌握软件后可以根据自己对视觉的理解更轻松创作。所以接下来的演示从模仿修改开始。

第1步：将要模仿的文件导入画布中，锁定（Com+2）在画布上，解锁（Alt+Com+2）。可以调整透明度为30%，开始模仿图形边缘结构走线，如下图所示。

第2步：进入"画笔"面板，双击除"基本"线条之外的所有笔刷，打开看画笔选项，例如下图中的❶双击3点圆形（书法画笔选项），可以从角度调整落笔的形状，从大小中调整画笔压力等。下图中的❷"基本"画笔就是钢笔工具和直线工具画出的线，线条匀称，不会像书法画笔那样有轻重和宽窄变化，同时二者可以互相转换。既然如此，下图中的❸中三只猫的描边利用画笔库中的笔刷互换，产生质感变化来模仿各种手绘感觉，这也让描边形式变得更有趣了。

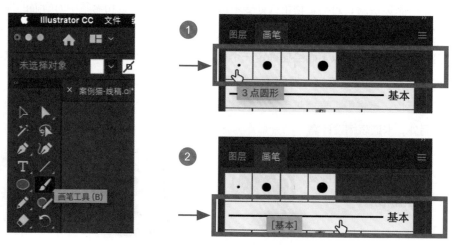

3点圆形类笔刷用手绘板与鼠标同时绘制压力有区别

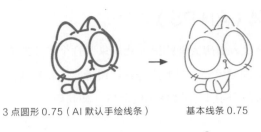

| 3点圆形 0.75（AI默认手绘线条） | 基本线条 0.75 | 基本线条 2.0 |

注意，画笔在操作中可能会出现如下问题：

问题1： 如果画笔面板中无画笔或不可用，可以尝试以下几步操作，首先在上导航选择画笔面板（窗口—画笔），单击画笔界面右上角的设置按钮，选择新建画笔—书法画笔选项，单击确定按钮，即可生成笔刷模式，或在画笔面板底部选择新建画笔或选择画笔库里面的笔刷，如下图所示。

新建画笔　　　　　　　　　　　书法画笔　　　　　　　画笔面板底部，功能选项入口

问题2： 如果在书法画笔选项中压力功能不可用状态，则可采用三种方式使其可用。第一种，尝试重新启动软件；第二种，查看手写板设置是否与软件兼容；第三种，重新安装软件或更换新版本。下图为压力笔刷对比效果和艺术笔刷效果。

有 / 无压力设置对比

4.3.2 从扁平风到手绘风（AI+PS）

以下作品原形源自Dribble设计师，借用大神的设计我们来调几个不同效果。首先下图中的❶在AI中绘制，将形象外形连同颜色和适当的渐变效果设计完成，然后将文件复制回PS软件中，给主体形象通过PS的上下层增加整体手绘质感。如利用PS中的水彩笔刷（watercolor-Kyle's Real Watercolor-Add Paper Texture）完成绘制即可。本案例是一次AI与PS合力完成的设计。利用好两个软件的不同特点，能产生非常理想的视觉效果。下面开始操作。

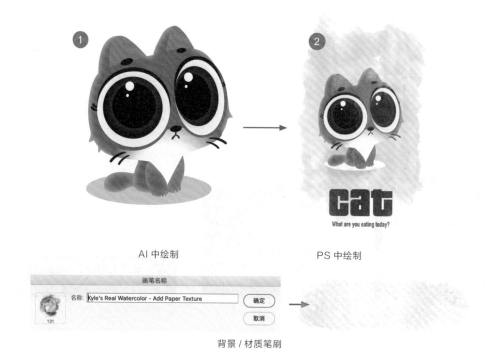

AI 中绘制　　　　　　　　　　　PS 中绘制

背景 / 材质笔刷

下图是卡通形象的身体、眼睛设计分解图，下面先在AI软件中完成整体外形设计。

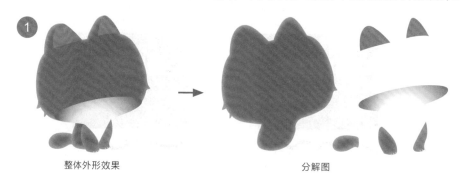

整体外形效果　　　　　　　　　　分解图

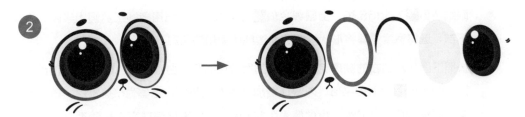

第1步： 主要颜色色值为e0572e，耳朵高光部位色值为eb6C4e，身体、尾部、前腿需要设置内发光效果，从顶部菜单中选择效果—风格化—内发光色值为f0907f。内发光设置如下。

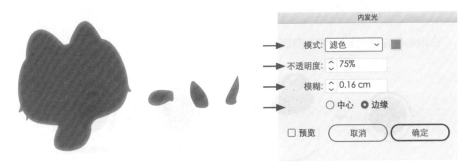

第2步： 脸部和胸口的毛为白色，运用径向渐变效果设置如下。渐变在图形上的方向仅供参考，色值位置为16%，色值为ffffff，位置为45%，色值为fbfcf4，位置为85%，色值为e36a3d。

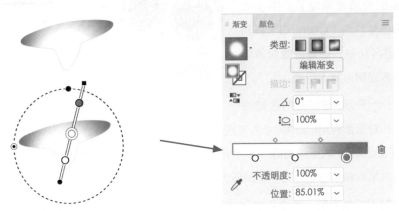

第3步： 开始眼部设计，为使图中的左右眼睛略微体现透视，所以其左眼圆润右眼略扁。猫咪的眼睛是最有特点的设计点，眼睛瞳孔放大，就会带着灵动。为了体现灵动，眼球上的高光点也非常重要。

- 眼线色值▋为dd5530，上眼线色值▋为3a0e2a。利用椭圆工具画出半圆，删掉下部，选择宽度工具将形状修改成两边细中间粗的状态。

- 按照下图从左到右的顺序完成眼睛的图层效果。下图白眼球的色值▋为f0f0f3，黑眼球的色值▋为3a0e2a，内眼球增加了内发光效果，色值为c94392，模式为正常，不透明度为100%，模糊值为0.14cm。最后就是眼球高光和睫毛，睫毛用笔刷画或者用宽度工具改线都可以。

眼部从左至右分层效果

- 右眼是在左眼基础上修改宽度，按右键进行倾斜修改即可。

最后将猫咪的眉毛、鼻子、嘴、胡子、爪子这些小细节配合表情摆放到适当的位置就完成了。下面我们将图形整体群组（Com+G）复制到PS中进行粘贴，选择智能对象确定，双击界面图形置入完成。

粘贴到PS中

第4步： 开启PS部分的合成设计，前景和背景都利用PS中的水彩笔刷（watercolor - Kyle's Real Watercolor-Add Paper Texture）的平涂功能，根据光感多刷几遍让画面颜色更深，本步操作尽量使用手绘版，因为鼠标和手绘版针对的笔刷压力大相径庭。

在绘制手绘效果时，需要先对PS笔刷的分类有所理解：干笔刷适合起稿和绘制手写字体或破旧效果；湿笔刷以水彩画笔为例，基本都是薄画法和叠加画法，可以尝试绘制不均匀色泽的背景或肌理，例如这幅插画的水彩肌理；干介质画笔有点像蜡笔、彩色粉笔效果，质地粗细可调节，所有的画笔都从画笔设置面板调整笔刷设置。

PS 图层效果

4.3.3 手绘一只猫（PS）

第3章给大家介绍了从扁平风格到手绘风的转化，可以用雕虫小技来形容。那么本章就直接进入手绘风格（如右图所示），让大家能更深刻地理解几种插画绘制的方法。下面就从Photoshop里的干介质画笔讲起。

之前跟大家说笔刷不用很多，顺手的几个就可以，就像古人挑选兵器，趁手的兵器无论长短轻重都是最适合自己的。笔刷的选择跟实际效果有直接关系，就像绘画中的媒介种类繁多，例如油画燃料、水彩、水粉以及彩铅笔色粉笔，还有国外街头涂鸦用到的喷漆，都是不同的媒介，表现作品风格各有不同。Adobe系列软件就是将传统绘画向电子绘画转变的媒介，在电脑高度普及的环境下不知不觉被带领着向新的视觉环境进发。视觉艺术站在传统绘画效果的肩膀上能取长补短，借助电脑的多面性将设计和艺术推向更广阔的海洋。

第1步：笔刷的调整，首先在窗口菜单中找到画笔和画笔设置，如下图中的❶。

画笔面板主要介绍的是笔刷分类以及形状、名称，画笔面板下方有拉杆条，可以调节笔刷在面板中的显示大小。下图中的❷大家要注意，每个笔刷右侧都有个小图标，例如橡皮✎、画笔✐、涂抹✐/✐等符号。例如绘画时选了橡皮属性的笔刷就只能做橡皮用。

画笔设置面板是针对笔刷调整的，从笔尖形状，到笔刷内部纹理、散布，再到双重画笔（两个不同笔刷的叠加效果）都是针对笔刷效果的调整。有些设计师插画风格鲜明，其主要原因是对自用笔刷有一套武林秘籍，不得外出很难雷同。下图中的❸为干介质画笔设置。

第2步：外形利用下图中的❸干介质画笔，具体设置如图中的❸。只需要调整KYLE终极碳笔25像素中等2的大小和间距，这样是为了让碳笔的颗粒感更强，以这只猫为例时觉得造型并不复杂，如果想画复杂的图形，那就需要用到钢笔和选取工具，整体构图需要草稿和更细致的编排。

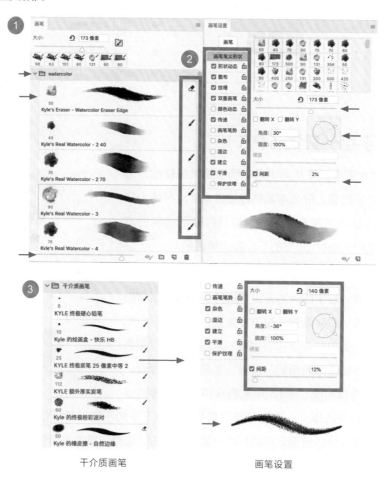

干介质画笔　　　　　　　　　　画笔设置

　　下图中的❶先整体利用干介质画笔平涂出图形外轮廓，通过调整画笔设置的间距，画笔大小比对笔触的颗粒变化，笔刷粗细通过快捷键"大括号/小括号"调整。

　　下图中的❷在平涂图形外轮廓的基础上，将猫咪头部、尾巴、身体、耳朵、爪子上的纹理和阴影画出，根据右图两个材质球对光源色调的理解，即使是扁平风格插画也需要通过色彩变化体现光感，让画面更丰富。两个材质球平涂部分都用了干介质画笔，黄色球增加了涂抹效果用到的Fan-Flat Blender画笔。

　　下图中的❸阴影部分先利用平涂，再给平涂层增加蒙版，利用水彩笔刷或其他透明度降低笔刷涂抹即可。

　　最后整体调整颜色画出眼睛高光、字体、小星星等点缀物体。

笔刷间距左13%和0%之间的对比

手绘插画的难度众所周知，无论是画形还是上色都需要反复调整和练习。有些同学没有经历过系统的美术训练，总是担心技不如人。如今想学习设计却又怕学起来困难，其实任何设计者都是从零开始的，这个"零"与年龄无关，取决于你的意志力，是否能坚持、坚持、再坚持，直到画出满意作品为止。很多时候，抱怨、任性、散漫和看小说、打游戏所花掉的时间远比自己认真学习付出的时间多。设计是一个人的理想，在远方的终点没人知道是什么在等待着我们，但是我坚信今天的努力就是明天向前的一小步。插画的高度是自己愿意去攀登的高度，当我们正花时间羡慕别人的高度时，请不要忽略别人付出的辛苦努力；当你发现自己手绘物体的外形不准确时不要灰心，只要耐心和细心地修改，坚信一定能做到。请坚持练习下去，在不久的将来你将达到自己的目标。

仅供参考，作品版权归原作者所有

4.3.4　喵星人的表情包（AI）

对于表情包（如下图所示）大家并不陌生，我们平时使用的各类社交应用发表情的太多了，这里无论是QQ还是早年的MSN，或是微博、微信里的聊天、评论功能，以及现今的直播、短视频等，到处都夹杂着各种用"表情唠嗑"的说话方式。"表情包"是在社交软件活跃之后，形成的一种流行文化，起源于互联网，现今活跃于移动端。发表情渐渐形成一种时尚。因此"表情包"的下载和设计便成了一个非常有趣的情感表现模式。用图来表现感情非常丰富多彩。因此在2017年7月18日，教育部、国家语委在北京发布的《中国语言生活状况报告（2017）》，表情包入选2016年度中国媒体十大新词。

源自互联网

初学者经常会苦恼设计一个卡通表情就已经很难了，何况要设计一套，岂不是痴人说梦！其实很多设计者之所以无法创作出表情，不是因为能力，而是缺少对表情内涵的理解。其中一部分为对样貌没有概念。例如上图中高兴的表情不只一种，把表情看成符号，试着做视觉的归纳，这样设计者即使缺乏对表情的掌握也能提炼出经典表情或者说招牌表情。另外在整体方面一头雾水，单个表情的绘制不算难，难的是一套表情的设计需要做很多加减法的考虑。最后缺少个人表现，表情的丰富映射内心的丰富，性格越活泼的人表情越多样，因此多看一些表情，理解当今的流行语言和文化，将其图形化是更好的表情诠释。就像学英语不清楚音标，就只能鹦鹉学舌，学了音标不会语法，就不能出口成章。看似一个简单的设计领域，实际需要非常全面的理论逻辑支持。

首先基础表情是设计师的必修课。例如表情中的喜、怒、哀、乐、惊、呆、萌……如何入手设计我跟大家讲讲思路。大家都玩过游戏，想要游戏打通关就必须一步一步来，无法跳关，因为游戏的过关点找不到而反复卡关比比皆是。设计的过程跟打游戏很像，是一种能力和思维双重提升的过程。成套表情设计需要的不仅仅是单点思维，还有全面的衡量，在设计的最初就需要将完整度和视觉高度都考虑进去。例如，设计表情不仅仅只拘泥于卡通的脸部眉眼，要从形体动势、服饰年代感这些完整度来考虑。融入一些生活中的情景，这样你会发现比起单单考虑那些微妙表情，这样的思路会让你更轻松，设计的作品更生动，更生活化。设计操作还是要由点及面，由"基础"向"个性"转变，接下来先从猫咪的五官设计开始。

第1步：选取矩形工具画一个正方形。

第2步：给图形上方导角选择图形，按快捷键A内部出现圆点，选择要导角的上两点鼠标框选被选中的点颜色变深，内部出现圆点，鼠标向内拖拽即可调增。注意：导角功能可以单点调节，只要双击要调节的点会弹出边角功能框，调整半径为整数或其他数字确定完成。

第3步：缩拢工具（此工具操作难度略大），如果要对称，可以利用辅助线在方框中间增加描点（Com+2）锁住辅助线，选中两边多余的描点减去即可。

第4步：猫咪的嘴如何对称？画一条竖线和一条横线，动物的嘴型为三瓣嘴，所以将短竖线下方对接到长横线中间，利用对齐面板 ▛ 居中对齐。在横线中增加点将竖线和横线的连接点向上移动，形成一个比较僵硬的嘴型，造型如下图所示。

这段是要告诉大家，风格千千万，严谨最重要，这并不是一个结束而是一个开始。像网站设计要精准到像素级别，表情设计可以天马行空，也可以是规规矩矩。

猫咪写实嘴部

下图的嘴型与之前发生变化，区别仅在图形的圆角弧度。

猫咪圆角嘴部

第1~2步：可以直接从上一组图的第3步开始。或者选择多边形工具 ⬡，在画布中间双击弹出多边形面板如下图，设置半径为整数，边数为3，单击确定按钮。一个三角形就画出来了。如果直接将一个三角形导角就以下图为例，鼻子会比较长，为了让鼻子造型短一些就先调整三角形的高度再导角即可。

多边形工具

第3步：如下图选椭圆工具画一个圆形，按住Alt+鼠标左键复制另一个圆形，将圆形的面转成描边，切换填色和描边的快捷键（Shift+X）。

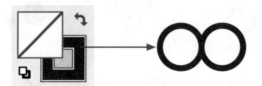

图形描边和填色切换

第4步：删减圆形顶部的点，与之前的三角形鼻子居中摆放到一起就完成了。

以上利用两个简单的图形设计给大家做了一个线条变化的设计，利用线条最基础的变化，延展了下图中一系列的表情和插画设计。就像之前说的，当你对表情有了更细微的观察，仅仅高兴的表情就能画出一系列样子。表情完成之后可以套用各种服饰外形，可以是猫的外形、狗的外形、熊的外形等。所以卡通设计无论是表情还是整体造型，都是精准寻找特点的过程，反复推敲会产生很多意想不到的创意，如下图所示。

基础表情

表情系列

从简单的表情到生动的表情包，需要研究的就是设计风格的话题。很多时候初学者会问一些关于怎么画的问题，最初都是因为不知道用哪些工具，甚至是脑中空无一物。即使在之后的学习过程中做了大量的临摹，但还是会发现自己毫无创作能力。这时候就需要设计师自我反省，查找自己在哪个环节出了问题。

将设计回归到绘画本体中，大家都知道学画的过程是一种循序渐进的过程。开始先照着画再到之后的想自己画和画自己的，熟练一定是任何技术工种的首要技能。所以量化的创作和练习很重要，如下图所示。爬山不可能一步上山，游泳可不可能一个动作就到对岸。所以凡事不要忽略努力的过程，这点非常重要。

FATCAT AMI 2

白烂猫超级闹

Black Cat Line

　　在上大学那会听过关于肌肉记忆的话题，有些同学画得好，是练习持久之后的一种最佳状态，如果持续不练习画画，那么再去画就全凭感觉，手头的功夫或许会有变化，但是审美各方面不会改变，所以手头的肌肉记忆也许就是本能的一种持续。那么表情也是一样的，宫崎骏之所以能创作出那么多优秀的作品，其本质就是将工作生活化，将自己融入动画的世界，这时候你再看现实的世界或许就会多了很多意想不到的画面。所以要想更好地去设计表情或人物，多看、多观察、多联想一定是最有效的学习办法。最后我们再发散一下（如下图）！

2
PART

插画场景

插画世界归于人们的想象空间，是一种表达内心所想的出口。大家从网络上经常看到很多自己喜欢的插画，当然更多人还是希望自己也可以创作出那些属于自己的插画。所以本章将跟大家分享一些入门风格的操作，希望大家能够从很多看似简单的设计中，领悟更多可以深入研究的方向。毕竟设计本身是设计者的自然流露，技巧只是一块垫脚石，有方向才会走得更长久。另外本章节会以多变的设计元素为讲解对象，分析素材的多面性，因为项目设计中大多元素的整合决定视觉设计的高度。

5.1.1　一棵盆栽（AI）

右图是一张扁平风格插画，也是近几年流行的风格，我们通过对该类型插图的学习，熟悉Illustrator的两个功能操作：一是手绘线条绘制，二是手绘线条的调整。前几章分别讲解过Photoshop和Illustrator两款软件的性能和操作习惯，该类型插画作品我们用Illustrator完成。另外本章会用到手绘板操作，具体步骤如下：

作品源自 GraphicDesignCentral

第1步：选择画笔工具，快捷键为B，大家可以尝试将叶片的轮廓描摹出来，以一片叶子为例，如果不能一笔画出可以上下分两笔画完，然后不舒服的地方按快捷键P配合Com键进行调整。画完的线复制一遍按快捷键Shift+X切换到面，不连贯的部分继续选择钢笔工具配合加号（＋）减号（－）进行修补连接，然后调整颜色。

AI 图形顺序组合从上至下

线条在上，有的同学问为什么不用钢笔工具先画面，必定是手绘板，鼠标的点操作和手写笔的绘制感觉是不一样的。所以推荐大家将平时的手绘习惯带入电脑设计中，会有更多意想不到的效果。

第2步：对线条形状进行调整，工具栏中找到宽度工具 𝒸𝒸，宽度工具只能针对钢笔工具的线条和基本线条进行编辑，所以对我们用笔刷画出的线条将无济于事。如想改变笔刷的属性需要通过画笔面板—选择（基本）线条进行属性的转换，笔触发生变化，就可以使用宽度工具进行编辑了。

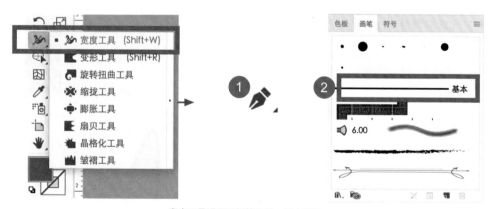

宽度工具适用于钢笔工具、基本线条

作为实例，先用笔刷画一条线，选择宽度工具 𝒸𝒸，可以在线条的任何位置增加点或减少点。还可以利用描边的特质将线条进行直角、圆角的设计。而且宽度工具设计出的线条可以通过界面上方的工具栏或属性面板进行添加保存，之后可以作为特殊线条或循环元素进行操作，如下页图。

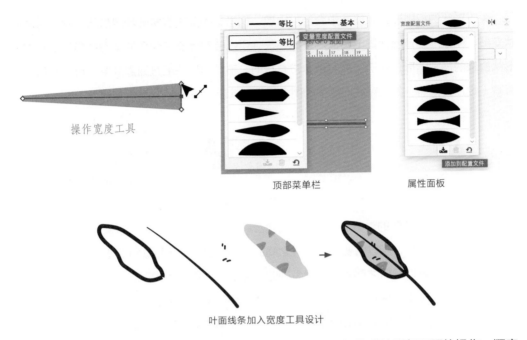

操作宽度工具

顶部菜单栏　　　　　　属性面板

叶面线条加入宽度工具设计

下图为盆栽部分步骤分解，利用矩形工具和钢笔工具的操作方法重复下面的操作，顺序不分先后。

线条和面的结合

- 图❶部分：矩形工具在Illustrator中最常用的就是边角的圆角设计，可以整体调整也可以单独选择进行设置，配合工具栏中的选择工具和直接选择工具配合操作。

- 图❷部分：仍然利用矩形工具，只不过需要规则形状，根据形状将长方形的底部删除，将上部两条选中整体边角拉圆，底部亮点分别向内移动1~2个像素。

关于形状的规则设计在设计中会经常出现，初学者如果不能学会利用形状互减、基本形状变形，就很难设计出视觉上看似严谨的图形，所以希望大家在今后的学习中多加练习那些形状复杂的规则图形，对于实战展示非常有帮助。下图为杯子上方烟雾效果，可以利用形状互减（路径查找器）工具完成形状中的凹角设计，演示如下图。

工具中的路径查找器

通过上述图形分解的讲解，在插画图形设计中，AI笔刷工具使用起来特别顺畅，只是属性不适合宽度工具，所以需要画笔属性之间的切换。最终完整的设计需要大家一步一步完成。如果不清楚可以扫描之前的二维码看视频学习。课程中很多人很喜欢临摹这张插画，其属于扁平风格插画里非常有代表性的设计。所谓思路的拓宽，大家可以参考网络设计的作品（如下图）进一步熟悉Illustrator中线条的运用，如何能够更轻松地表达，不用多说就是练习。另外视觉感官中线条的装饰味道、轻松感以及描述形式，都是通过线条的粗细、疏密、关联度等不同的创意手法表现出来的。因此线条的美是一种最直观最简单的美。僵硬、粗糙的设计习惯或许会阻碍你对线条灵动性的表达。

作品源自互联网

5.1.2 素材里的一片丛林（AI）

任何插画设计的过程都是从0到1的过程，将每一个独立的素材组合成一个可以气势磅礴的大场景，同时有一些场景可以拆分成独立的特写小故事。这样的插画需要设计师花心思去思考每个素材的完整度。下图源自Pinterest网站，这个网站应该有设计爱好者很喜欢使用，因为里面有太多值得大家学习和参考的设计和创意。给大家分享这些的目的是让大家自己去观察，例如下图3幅不同内容的插画，画面内容不同，但是对素材的使用感觉很相似，大面积的丛林在场景中，都围绕着主体物点缀着环境，占着位置，提供视觉聚焦点的作用。当然这都是从构图的角度考虑。设计中树木并不是单一的样式，所以使用穿插摆放的方式让画面更生动，在配合色彩微妙差异，让主体物被各个不同的树木包围着，容易产生环境各异浮想联翩之感。

作品源自 www.pinterest.com

另外，大家都知道扁平风格插画在设计中是容易上手的，既然有这个认知，那么大家就更需要了解主体物的简化是这类场景设计的一大特点。所谓插画的特点是让画面更有绘本的感觉，无论是复杂的画面还是简单的画面，主体物的大小直接决定画面的意境。如下图所示。

大多数初学者喜欢上插画都是因为在生活和学习中看到了一些别人的作品，很是喜欢，很感兴趣，很想亲自动手画一些，因为这份喜欢才开始学习插画。但是学习并非一帆风顺，被阻拦的原因很多，最怕的一种阻拦就是稍微有点难度就放弃的类型。如果你是这类人，那可能很多事情都不会看到最好玩和最精彩的经历，就像爬山，不爬到山顶就永远看不到日出东方的壮丽瞬间。本段劝告那些知难而退的朋友们，改变这个观点就是你学习中最大的胜利。坚持才是胜利，坚持到最后才能得到最大的胜利！

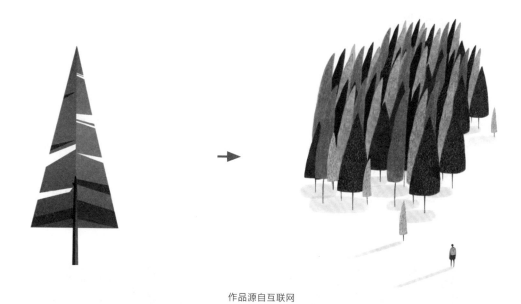

作品源自互联网

　　接下来我们参考网络手绘插画的设计来创作一幅丛林的插画，如下图所示。根据上页插画的对照，如果使用完全相同形状的树，颜色上要有微妙的变化，才能让画面不致呆板没有生气。下面来尝试用单一的素材来创作一处小景色。

　　第1步：选择Illustrator软件，用椭圆工具画出正圆，按住Alt键选择上下两点，在上部工具条中点选转换尖角工具，再将侧面两个点分别向内均匀平移，形成柳叶状即可。如下图所示。

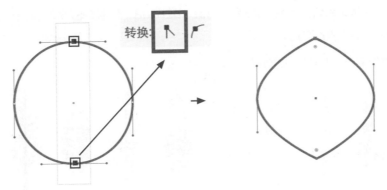

椭圆形状转换尖角效果

如果椭圆形无法切换到点，可以选择P键和A键完成点位的移动调整。将下图❶外形的点向下调成下图❷样子。

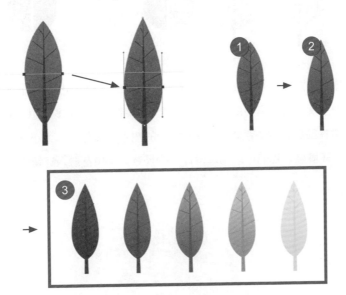

上图❸设置如下：

- 1 渐变从左至右·位置：25%，色值：5e63ad。位置：77%，色值：435b9c。树干色值：365583。

- 2 渐变从左至右·位置：25%，色值：7878b9。位置：82%，色值：5367a6。树干色值：4a619e。

- 3 渐变从左至右·位置：25%，色值：9796c9，位置：82%，色值：5d73ad。树干色值：526daa。

● 4 渐变从左至右·位置：25%，色值：b2b1d8，位置：82%，色值：7b95cc。树干色值：7994bc。

● 5 将3图叶片整体透明度降低到45%~55%即可。

蓝色系与插画提取色对比

为了让大家有所对比，我将调好的偏蓝色系素材和从插画中提起色值的素材做了对比，让大家更清晰地了解，很多素材的颜色互换，能让作品创作出更多意想不到的视觉效果。下图将图形按照树林前后虚实关系将5个不同色彩的树木按照颜色、大小穿插组成一组丛林。为了让树丛更有环境感，我们可以简单设计一个场景，将树丛融入环境中。

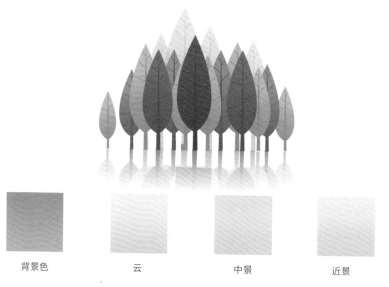

| 背景色 | 云 | 中景 | 近景 |

第2步：用4块渐变色，组成一方天地，渐变颜色为上下渐变，设置如下：

- 背景色：位置：6%，色值：9397cb。位置：70%，色值：ada6d2。
- 云：位置：13%，色值：e7e0ef。位置：100%，色值：c2b9db。
- 中景：位置：28%，色值：d2d1e8。位置：80%，色值：c7c6e0。
- 近景：位置：10%，色值：d9dfed。位置：24%，色值：d5dceb。位置：58%，色值：c7cce0。位置：100%，色值：b5c5e0。

如下图所示。

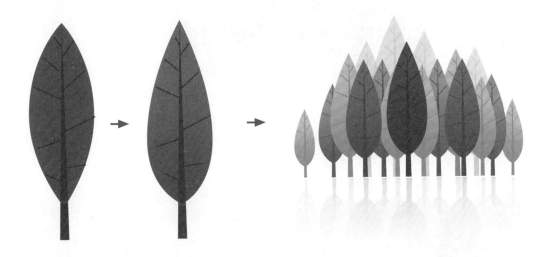

这里渐变色值的位置与案例的位置有差异请自行移动渐变工具调节。临摹中我不赞成100%模仿，因为那样并不会提高你对插画创作的思考，我更希望大家看了案例能够从操作流程、创意思路、整体构图方面做更多发散性思考和创新。另外每个人对图形的理解大相径庭，所以大家不如通过这些操作看能否有更多创新上的突破，或者设计中更多渐变操作方法的提炼和颠覆。

上图完成效果，主体设计中树丛被近景弧形的地面遮挡，有一种空间感，中景又因为颜色的细微变化让空间感继续拉大，中景中变小的树木是让环境孤独感剧增的点缀，也是跟树丛大小对比最好的表现元素。第三层就是云的空间感，云的底部尽可能融入背景色中，让自然之美更为自然。插画是在Illustrator中表现完成，整体调色并不方便。所以大家可以将图形导入Photoshop软件中选择—窗口—调整—色相/饱和度继续调整色调，以另两张图效果为例，大家可以参考马卡龙色系。如下图所示。

调色对比

5.1.3 场景小品（PS）

如下图所示。色彩搭配偏灰色系，小山上站着一只觅食的小鸟、野生蘑菇、野草造型各异，整体设计非常有意境，视觉表现手法概念，质感稍微偏手绘风格。这类图形设计只要掌握方法，制作起来可以举一反三。

下面我们利用PS软件来绘制外形和后期合成效果。

鸟石图

第1步：创建启动Photoshop，按快捷键Ctrl+N新建文件，将末标题-1设置文件名称（鸟石图等），并设置画板大小插画尺寸根据自己喜好，一般宁大勿小，分辨率选择像素，横向。

第2步：绘制外形，选用椭圆工具和钢笔工具进行所有外形的绘制。按住Shift键选择█▲中间两个点位█▲（实心为选中），向下按Shift+键盘向下键组合向下移动，每次移动10个像素或直接按向下键移动1个像素，如下图所示。

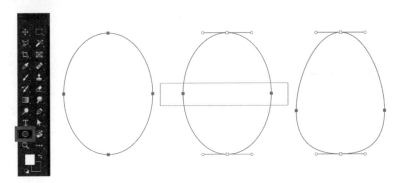

中心点平行向下移动

剪掉底部的点将中间的两点连接，此时底部形状比较饱满，如果觉得形状没有达到自己理想的效果，可以对描点进行调整操作如下图（描点图标操作效果）。钢笔工具▲的快捷键是P。钢笔减去点▲工具对准描点选择减去。钢笔添加点▲选择线段任意部分添加描点。连接点▲该图形为操作中的收尾工作。

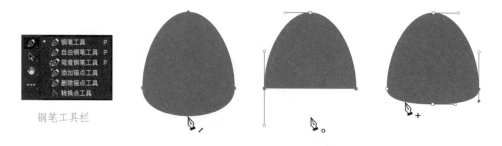

钢笔工具栏

描点图标操作效果

钢笔工具和形状工具 □ 互相配合非常常见。无论Photoshop还是Illustrator，或是其他Adobe 软件，只要是图形的描点画法，都会用钢笔工具进行点、选、拖、移等基本操作。图形的形状是否有趣，需要设计者对生活细节的观察。钢笔工具在操作过程中需要与Com键移动点/Alt键调节直角和弧度配合操作，让图形变得更加生动。

图形组建完成，构图如下图单色图形效果，左图是图形的完整部分，右图是特写部分。大家应该注意到大小错落是插画中的一种技巧。图形构图加入大小疏密的特点，相互对比，让石头前部矮小植物与整个环境形成一个微观世界，不经意间增加了几分小情趣，放大了整个世界。另外，石头加投影、石缝间的球形稻草，这类型的设计以简化为主，越具体越容易打破设计中的大意境，化繁为简是扁平风格的独有特点，从外形上尽量使用基础型，少变化或者微变化，不但设计简便易行，又能达到理想的视觉效果。

第3步："添加图层蒙版"。在塑形过程中，当有些图形需要依附于主形体之下时，我们需要借助PS的蒙版功能进行快速裁切。首先按Ctrl键选中图层面板中山-形缩览图层的位置单击，这时候界面中山的外形通过虚线选区显示出来。其次继续选择图层面板中绿苔图层，单击图层面板下方添加矢量蒙版，即可完成绿苔图层的蒙层效果，效果如下页右图所示。

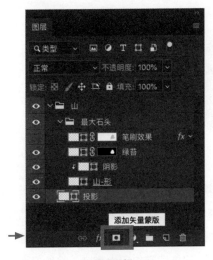

图层面板

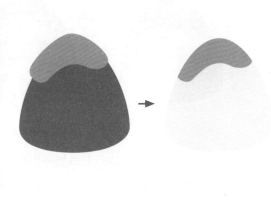

绿苔的蒙层效果

第4步："图层中的附属效果"。如下右图阴影图层附属于山–形图层所示。山的阴影是附属于山形图层面板中。选中"山–形"图层，按组合键Alt+Com，阴影图层必须在山–形图层之上，图层的位置不能出错。然后鼠标放在两个图层中间，会出现一个向下的指向箭头，单击即可被关联上。如果图层顺序错误，将被反向关联。

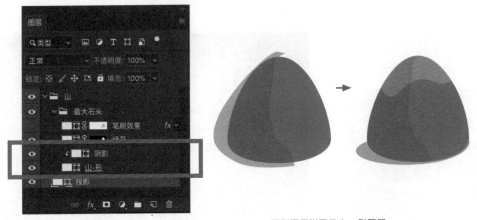

图层面板

阴影图层附属于山–形图层

第5步：光源效果。假如世界一片黑暗将是一件很可怕的事，所以上帝最先创造了太阳神，光也就随之而来。早期拟物设计中对光源的刻画非常深入，如今扁平风格的设计中，除了平面画的设计理念以外，对光源的简化也是它的一大特点。图形中只用两个颜色就可以塑造物体的光感。包括同色系的投影，就可以将顶式光源的角度表露无遗。图形的高光可以用石头上的青苔来代替。如下图为光源感觉设计效果。

光源感觉设计

第6步：合成。将设计好的图形增加一些光源效果之后，接下来就进入到最后一步合成，也是图形的整体调整阶段。本幅插画有两个关键的动作：笔刷效果和杂点效果。首先按快捷键B，在导航栏窗口菜单下中找到画笔面板，选择干介质画笔中额外厚实炭笔—画笔设置面板，设置笔刷的外形大小，设置笔刷的流量间距，设置调整纹理中亮度，整体设置完成就可以开始使用自定义的笔刷了。如下图所示。

 笔刷工具可以直接在图上画，但是这个案例是在蒙版上画笔刷效果，这样可以随意调整图层，比较方便。

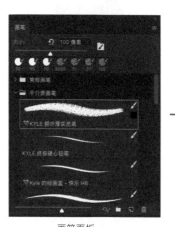

画笔面板

间距设置

纹理 / 亮度设置

效果如下图所示，图左为石头用笔刷之后效果，右侧石头需要做90%的透明，并垫在笔刷层效果下面，这样山体的颜色才能非常自然。

笔刷蒙版层

左笔刷层效果 +90% 透明层右最终效果

第7步：杂点效果。首先画面整体调色、造型、布局都完成了，接下来进行合成的最后一步添加杂色。首先在图层面板，将图层整体装入一个组，在图层右键下拉菜单中选中转换为智能对象，在PS导航栏选择滤镜—杂色—添加杂色弹出面板，设置单色，平均分布，数值4，单击确定按钮，如下图左图为未添加杂点，右图为添加杂点效果。

左图未添加杂点 / 右图添加杂点效果

05-02

风格转变与光源运用

5.2.1　风格转变——盖小屋（PS）

从盆栽到丛林，再到自然界的一处小景儿，以上几个案例从造型上都非常简单。本节以网络手绘水彩插画为例进行改换风格设计。在很多人都在纠结画什么、怎么画的时候，还是会有另一群人苦恼风格，下面的操作是一种思路。就像用油画可以画重彩也可以画淡色，国画可以画意境也可以画立体。只要大家对软件足够爱，软件的终点就是无限远。

作品源自互联网

这段使用的软件为Photoshop，话不多说开始给大家演示具体操作。如下左图为设计者手绘插画效果，大家可以根据外形，将自己内心的一些小点子加入这个建筑中。以下右部为例介绍矩形工具线、面转换画图形的操作。

初学者如果能充分理解矩形工具和钢笔工具的配合，那么基本上PS平面插画设计的"形状"这一个块的设计就过关了。下面我们通过分解图（如下图所示），让大家对本节的演示部分有更清晰的理解，对照图形和工具的操作完成建筑插画。

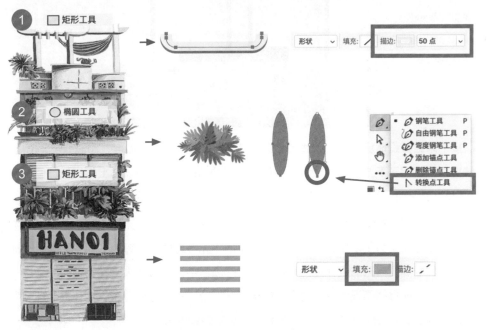

小屋设计工具分解

第1步：从图❶开始介绍，选择矩形工具画出长方形，将弧度40像素的设置完成。然后来分析为什么要用描边，楼顶花房架子或者晾衣架有一定的宽度。其实如果是长方形的架子，直接选择面即可，但是这个架子有两侧向上卷起的弧度，而且还有阴影，如果用形状裁切一个宽度大小一样的形状很麻烦，所以选择描边来设计。描边粗细变化正好符合架子宽度要求，而且描边不妨碍PS中样式的使用，操作简便。下图为界面上方点开填充和描边方框所展示的内容，选择填充为空，描边填充色值ffed56，尺寸50点。接下来将描边图形进行调整如下图所示。这里一旦图形的任何一个点被移动，导角界面就不复存在了，这也是Photoshop导角与Illustrator导角的区别，所以AI比PS更容易塑形。

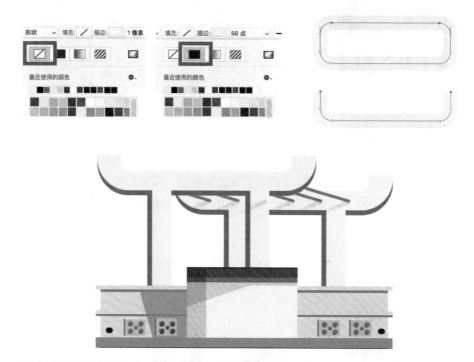

接下来给弧线增加样式，弧线的投影色值B26d2f，垂直-90度，距离10。利用线条的方法继续画出架子下方的柱体，设置中投影样式的角度改成180。右上图其他部位的设计大家可以利用矩形面的填充来依次完成，学会灵活运用线和面表现不同的形。

第2步：上图❷植物部分原图上植物非常多。看到下图新设计的花草与原图样子不符，这部分的设计如果为了求快，大家可以将具象的物体考虑成一块颜色。对于初学者设计复杂的图形固然能提高自己的设计能力，如果在实际项目中，不赞成大家花大量时间来抠一些没必要的细节，而且插画设计讲求均衡。如果花草部分过于写实和复杂，会让其他环节显得不和谐。所以这部分利用素材的循环和量化来完成对植物的表达。

　　用椭圆工具画出最基础的形状，改变底部点的形状，从圆角变成尖角，可以去钢笔工具下选转换点工具进行修改，快捷键为Alt。设计好基础元素，剩下的就如下图❷的复制环节，复制4个相同叶片，通过同比例缩放大小进行修改。操作选择每个形状的时候按快捷键（Com+T），或界面上方工具栏点选下图❷下方的同比例关联锁，每个形状以10％为差距进行缩小，这样比例平均。下图❸的样式是在下图❷的基础上进行颜色调整，这部分大家可以自己随意发挥，也可以选择相近几种颜色进行穿插搭配，为了让画面看起来更加和谐，减少色差为上策。

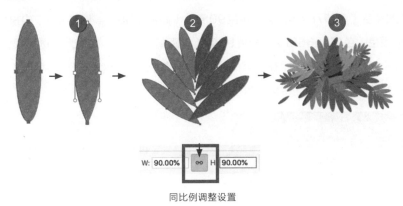

同比例调整设置

置入场景。如下图所示。

植物与场景

　　植物是生命形态的象征，也是生物界的重要组成部分。世界上有无数种绿植，将任何一种形态或者形式植入插画中，展现绿植独有的形态，还会基于环境和场景的需要，添加一定的活力和生机。绿植在插画中是必不可少的装饰，无论作为前景还是背景，装饰、遮挡、调节气氛等，都不能阻拦它在环境中最佳搭档的称谓。虽然绿植有天生的入镜光环，但是也不能乱用。本节对绿植的讲解是将绿植作为色彩陪衬出现在环境中，未来它还会有其他意义。毕竟插画中不仅仅只有具象，更多的表现手法会带来更多面貌。初学者遇到绿植的设计千万不要慌，因为你可以根据环境和主题风格来定义插画中的调调。复杂的做不到就先从简单的入手，循序渐进不断挑战。

第3步：内投影组合。下图左上为墙体，一张图通过3个内投影完成分段色彩的设置。选择矩形工具画出图形，填充颜色（色值a5c5c3）。选择图层，双击弹出图层样式，增加第1个内投影（色值9593a0）（角度90度）（距离：98）。第2个内投影，在面板左侧第1个上部增加颜色（色值7b74a1）（角度90度）（距离：30）。同样第3个内投影，在第2个上部增加颜色（色值6b658f）（角度90度）（距离：20）。如果大家觉得颜色不符合，可以在样式中增加颜色叠加，跟在图层修改颜色一样的意思，这里不建议背步骤，因为做出相同效果的方法并不止一种，希望大家活学活用。

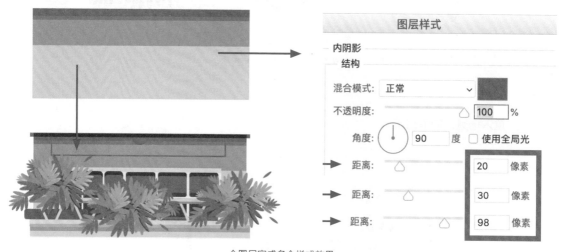

一个图层完成多个样式效果

房屋分段效果

　　屋子从头到尾除了固有色以外，还需要通过颜色将光线、投影、阴影部分表现出来。植物在画面中作为点缀设计的时候可以适当扩充。上图左图为图形完成效果，右图为增加噪点效果。回过头来大家再去看之前参考的设计图，从风格上是不是有了全新的面貌呢！画面清新自然的程度是设计者选择颜色时着重注意的，如果大家喜欢可以尝试将色调全部颠覆，一定会更精彩！（大家觉得这种形式的临摹和创作是不是更有趣！）当然在扁平风格状态下，适当的利用PS笔刷，回归一下手绘效果也是可以的。

　　看到效果是不是感觉眼前一亮，传统绘画的绘制模式告诉我们任何绘画都是先有外形，再根据外形进行上色，薄厚的效果取决于媒介。而电脑绘画也是先有形，再根据形进行色彩、肌理的绘制。所以不要觉得扁平风格只是简单，我更相信扁平风格是在模仿国画中"意境"的设计。那么下面这两张图是根据之前水彩画转变成PS插画之后的效果。树在造型上不断地突破或许就是在寻找另一个"意境"带点黑色幽默。

VietnamL ittle Quarter
Hanoi shoes house

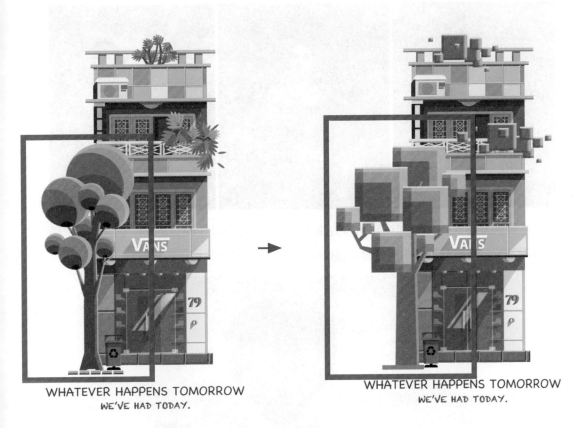

树形的变化对比

5.2.2 插画场景中的光源运用（PS）

光是万物之灵。这个世界没有光，人类将不复存在。在人们的眼中光就是一切，也是希望。从艺术的角度例如伦勃朗的画中，光带来的是视觉驻足在画面中的脚步。

歌德说，"阳光越是强烈的地方，阴影就越是深邃。"光在西方很多哲人的眼中对立面都是黑暗和阴影，所以视觉设计中，要想利用好光，首先要学会色彩的运用。色彩是一种涉及光、物与视觉的综合现象，色彩的变化与光密不可分。

下面通过本案例来加速理解场景中的光源铺垫效果。

本案例是游戏icon，通过对图标的临摹来分解场景设计中的近景、中景、远景，同时会发现光就是藏在景深中间的膜，通过这些膜让画面更加生动。如下图所示。

第1步：打开PS软件，选择矩形工具创建1024像素×1024像素，分辨率为72的画布。选择图层样式增加渐变色值，964078位置15%，facda7位置90%给整体图形增加背景如下图❶。这一操作再复制一层，关闭渐变叠加，增加颜色叠加色值ffc99c，给图层面板增加线性渐变▢蒙版如下图❷，让颜色渐变在整个画面下方，起到适当提亮的作用。下图❸是一个渐变色，色值为f99b9b，图层选择叠加。

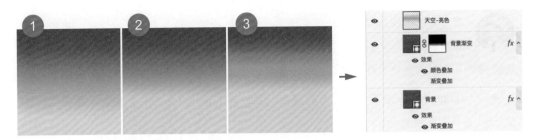

　　第2步：这部分房屋的设计做了忽略，在下图的分解图中，大家能直观地看出例如图❶左右两图在增加光线之后建筑物被光线覆盖，甚至融入背景层中。下图❷、图❸、图❹、图❺都分别体现光所带来的画面改变。在最后的图层中，群体建筑板块比较复杂，所以设计之初需要按视觉的远近进行楼体的分组，也就是之前说到的近景、中景、远景的顺序。大致颜色接近的图形为一组，在每个组中间穿插光线，就是这类场景插画设计的规律。

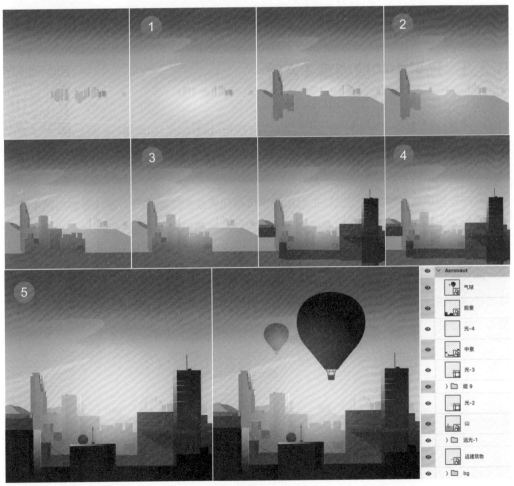

需要注意本段的案例色阶非常接近，如果是一些色彩变化丰富的设计，在绘制过程中就需要不间断地调整颜色和图层分组。这样也是为了方便整体调整。下面为大家推荐几个配色网站参考，在能力提高方面，多观察多去捕捉细节是提升的好办法。

- UIgradients 以渐变色彩为主的网站，里面有上百种渐变配色方案，可根据自己风格来选择搭配。

- Nippon Colors 日本传统配色网站，网站直接给出了各种颜色的CMYK值，RGB值，以色卡的形式呈现。

- WebGradients.com 渐变色类型网站，色阶非常细腻。

- Adobe Kuler Adobe 旗下的一个配色网站，首页可以自行配色，还可以上传图片识别颜色，从中得到你想要的颜色，另外可以浏览更多配色方案。有Adobe 账号的话还可以点赞并下载其中的配色方案。

5.2.3 场景中的植物系（AI）

《Tant De Forêts》是由法国插画家和动画师Burcu Sakur和Geoffrey Godet于2014年制作、Supinfocom Valenciennes指导的3D动画短片。在这部作品中，雅克·普雷弗特（Jacques Prévert）谴责破坏森林以制造纸浆的行为，这些纸用于提醒人们注意森林砍伐的危险。如下图所示。

显而易见这是一部极具视觉冲击力和扁平风格代表性的动画作品，设计者将插画中的元素串连起来变成动画形式，让每一处细节都透露着精致和思考。这是一部能让人对丛林或者恶劣环境产生共鸣的作品，也是让毫无头绪的设计者找到更多创作灵感的优秀作品。

那么接下来我们借助这一环保故事的部分场景页面，通过结合的方式来完成一幅插画，将创意性的设计变得更有延展性。下面我们来分四部分进行设计：素材提取、构图、色彩、整合。软件使用先以Illustrator塑形、Photoshop整合为主。

作品版权源自 Tant Deforêts

1. 素材的提取

很多参考图中都会有非常有特点的设计，或是内容或是细节，而设计者会追随自己喜欢的设计，或是保持或是改变，这也就是设计者为什么会不断创作出新作品的原因之一。所以当我们将主题锁定在绿色植物时，大多数人并不会感到陌生。毕竟花草树木是生长在人类的和谐家园里，保护环境，滋养大地。从设计的角度，再复杂的叶片，在扁平风格中都可以进行概括、提炼。

● 下图为图形设计中如何将选中的点变成尖角或平角，选中椭圆形中的点单击转换尖角，并将图形的对称两边向内平移20点。

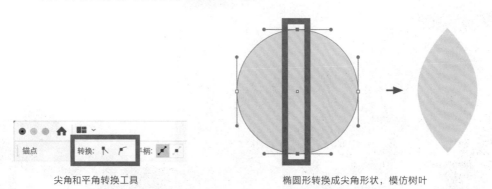

尖角和平角转换工具　　　　　　　　　椭圆形转换成尖角形状，模仿树叶

注意20个点是键盘向左或向右移动，点的移动一般可以按住键盘向左或向右键来移动，如果需要10倍的移动可以按住快捷键Shift再按向左或向右键，当然在Illustrator里的移动数值还可以在软件上方首选项—常规设置，毕竟这是一个矢量软件，所以点的设置范围可以小到0.001，只不过移动起来很不明显。具体设置如下图。

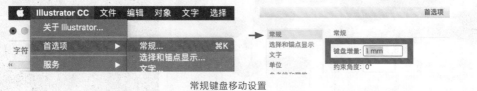

常规键盘移动设置

● 图形增加渐变设置，首先在工具栏找到渐变工具■。右侧会配合渐变面板，选择图形增加（线性渐变）。渐变面板可以选择线性渐变/径向渐变，根据形状选择渐变滑块，在提取颜色的时候可以选渐变滑块下方的吸管/拾色器工具，吸取页面中图形的颜色或自定义颜色。

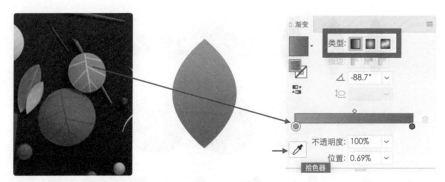

● 径向渐变对于表现球体的立体感效果非常有效。所以大家在设置球体光线位置的时候，操作杆可以移动位置，包括外圆边缘线可以调整范围。

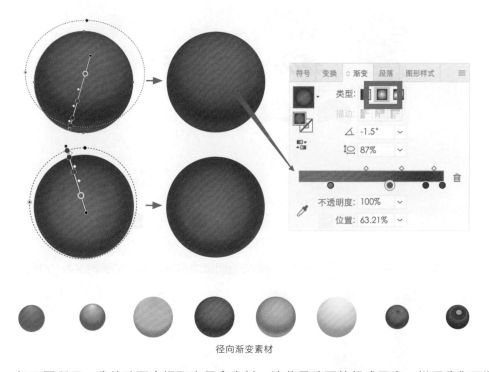

径向渐变素材

如下图所示，我从动画中提取出很多素材，这些是动画的组成元素，似乎我们可以将这些元素重新打散，运用到新的插画中去。另外大家心细会发现有些素材的颜色已经发生了改变，那么图形中或多或少的变化是设计者对前者的理解或是对原本事物的本质的理解。这就是我本书中所强调的不要一成不变地临摹，在临摹的过程中尽可能打开头脑，让思维更加活跃更有创造力。下面我们利用改变颜色的素材来开始新插画的创作。

不同色彩的循环素材

● 下图❶和图❷的叶子样式一致，图❶的透明度为52%，图❷的透明度为100%。

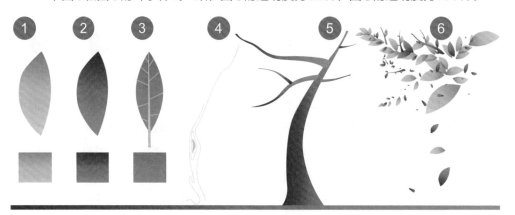

渐变色值如下图。

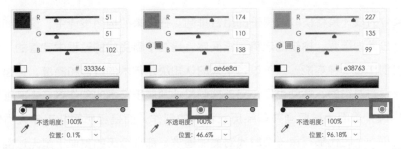

- 图❸（色值：ae6e8a，位置0%），（色值：e38763，位置96%）。树叶上脉络的色值：f7b4c5。

- 图❹、图❺、图❻是树干和枝叶的分解，设计的顺序一般是先有树干，增加树枝整体调整外形，同时细节上配合树干上的年轮线条，年轮线条色值：c9b7ad，注意线条是针对树干的装饰，颜色不宜过重，根据不同的素材渐变方向各异。

- 图❻树叶的设计有些技巧，我个人喜欢先以深色叶片分布来安排整个树枝的设计感觉，也是一种定位。浅色的叶片主要以装饰为主，既然是装饰色彩就不宜过于明艳，反倒将叶子放大同时增加透明度，看似弱化的设计，因面积的反差设计让整个枝干变得丰满。

有一句话叫：量变引起质变。当人们苦于设计素材枯燥、简陋、毫无画面感的时候，大家可以尝试将简单的素材进行量化，量化的理解很多，是一种秩序，一种组合，同时还要求素材的变化。如下图所示。

2. 构图

第二部分的设计是将枝叶与树干的组合排列。在未来的构图设计中，这些如同零件一样的组成部分尤为重要。树枝的走势和画面感，是在不断生成的过程中完善的。所以跟随感觉肯定的创作是一种本能，只不过每个人的认知决定艺术的价值和高度，但是请明确一点，艺术是没有对错的，插画也是。另外插画设计师属于艺术的创作者，大家都知道莫高窟俗称千佛洞，里面大量壁画并非经历一代人的创作，而是经历了几千年人类智慧的创作，如果说每一个时代都有每一个时代对美的追求，那么今天的美似乎是无法回归到古代的，因此径行直遂反倒是一种态度。如下图所示。

3. 色彩

上图是整个画面的线稿部分，让大家对构图有一个大致的了解，画面色彩以夜晚为主，远山近水中一个独木舟在静怡的水面上安静的穿行。视角是一种正面的视角从河岸的树丛望向河岸远处的山峦，夜空中高高的明月如同唯一的发光体，将整个世界笼罩在幽静的夜色中，十分神秘。

根据场景文案描述，任何插画都需要先从整体色调考虑，特别是面积越大越为主要。插画背景设定为夜晚，所以需要一个深色又有点神秘的颜色，蓝色似乎很符合。背景用到了径向渐变，位置：13%；色值：3f488a，位置：81%；色值：351e2b。如右图所示。

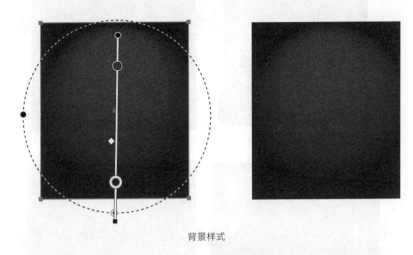

背景样式

定义好水面的高度，增加弧形地面，地面的色值同背景。下面水面为线性渐变，色值滑块位置从左到右位置21%；色值：36202c，位置：68%；色值：402d4a，位置：100%；色值：505daa。如右图所示。

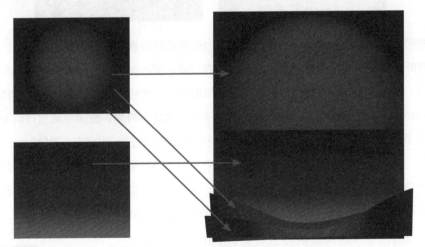

主要场景在Illustrator中是自然分层的，选择图形可以根据个人习惯，例如选形状、选颜色，还可以通过快捷键Com+H显示/隐藏路径的控制点，显示的时候鼠标单击物体就可以显示边框和周围形状的节点。

接下来将树和树叶等装饰布置到画面周围，让画面看起来更加丰满。如下图所示。

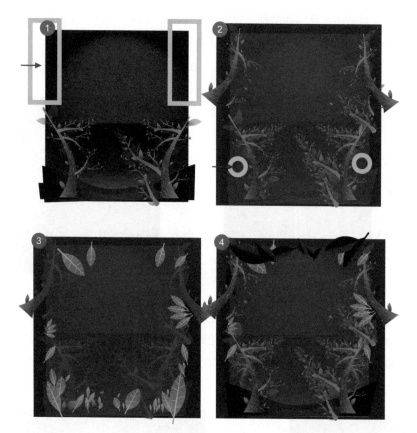

不难看出本图为正视角，所以图❶至图❹为植物摆放位置图，并不是步骤图，因为在图
❹中不同叶片和树干的前后位置发生了改变。在图❶、图❷绿色线框部分画出了前景图中空
缺的部分，图❸、图❹根据空缺的部分不断增加素材的摆放位置，这也是一种"借物"的动
作，毕竟树的造型是固定的，但是树的造型只使用一次并不科学，应该让素材可以发挥更多
"群众演员"的作用。因此适当借用素材的局部是反复利用的一种方法。图❸的叶片是一种
新的造型，目的是强化色调，大家应该注意到了，树本身的颜色并不会特别抢眼，因为在插
画构图中它没有足够大，而且造型又颇为复杂。因此必须增加一个元素既能与树的属性相贴
近，从色彩方面能弥补树干枝叶零碎的感觉，所以夸张版的树叶在图❸中出现。

- 如右图，深色树叶的设置位置：100%；色值：
  3f488a，位置：56%；色值：351e2b。叶脉的色
  值：0f181d。

下一步开始设计场景中的远山，按照远景、中景、近景
的顺序来设计场景，同时还要注意周围树枝的位置，适度遮

挡即可。山的渐变一般都是线性渐变，设计的关键在于靠近光源的部分颜色要浅。

下图❶位置：0%；色值：ae6e8a，位置：42%；色值：351f2a。

下图❷位置：0%；色值：342128，位置：46%；色值：433456，位置：96%；色值：4a4a7f。

下图❸位置：11%；色值：341d2a，位置：100%；色值：4c4878。

下图❹位置：7%；色值：352229，位置：100%；色值：4a4b80。

山形的设计

水面的视觉效果很是简单，为了表现反光物体深度最有效的办法就是循环复制，可以选择对齐面板—分布对象—水平居中分布。颜色设置为了变化就做了2个相近的色调，如果嫌麻烦一条渐变似乎也是可以的。下图❶色值的位置：0%；色值：ae6e8a；不透明度：80%，色值的位置：97%；色值：351f2a；不透明度：30%。图❷色值的位置：0%；色值：ae6e8a；不透明度：60%，色值的位置：60%；色值：351f2a；不透明度：30%。

　　如果水面上没有任何物体会让画面缺失活力，看上去过于乏味，所以设计一个主体物作为视角的焦点，思来想去物体不必过大，就尝试了一个独自行舟的人物剪影，如下图所示。颜色可以根据光影的走向略有变化，当然细节不用过多，就像曾经讲过的拟物设计一样，图标缩小之后很多细节都会丢失，人物的设计也一样，以剪影形式设计最为轻巧，注意外形一定要可识别。

　　最后的光源就是天上的月亮，有人说其实光源应该先设计，本节教程的顺序仅供参考，不过真的设计的时候人物的设计我会放到最后。如下图月亮的设计确实是锦上添花的感觉，操作非常简单，只不过增加了外发光效果，设置需要两步，第一步：用椭圆工具画一个正圆，增加渐变，位置：0%；色值：fff0d0；不透明度：100%，位置：100%；色值：e5beb3；不透明度：0%，注意渐变杆的位置略微偏上。第二步：增加外发光，在导航中选择效果—风格化—外发光。

渐变和外发光效果

　　外发光的颜色选择白色，设置值如右图，Illustrator软件的操作界面左下角的预览选项一般都需要勾选，只有勾选才能看到增加值的效果。当然天上有月亮水面就应该有倒影，倒影的色值为位置：0%；色值：ffffff；不透明度：100%，位置：100%；色值：e5beb3；

不透明度：0%，整体透明度降到55%。在渐变面板中，色值条上方有一个移动杆可以调节，默认在中间。

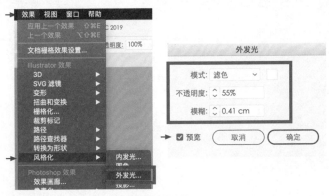

外发光设置

关于Illustrator软件和Photoshop软件中都会有外发光和内发光效果，操作并不相同，我个人觉得矢量软件的发光力度比较柔和，适合这类型的插画设计，如果从整体效果来看矢量软件的力度和驾驭能力不如PS软件的操作。

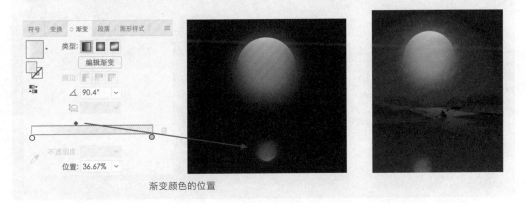

渐变颜色的位置

4. 整合

最后整合图形完成这幅插画的设计，如果位置有些遮挡就适当地调整，无论是上下位置还是前后位置，无论是图形大小，色彩的明暗都需要在最后的整合中反复调整。作为某些有强迫症情节的设计者，似乎对严谨的理解永远是非常理智的。面对一幅扁平风格的插画，无论是构图还是设计过程都不算复杂，在色彩的选择上基本控制在两个色系中，也是出于对色彩越多越难把控方面的考虑。希望这幅插画的设计思路能给大家一些启发，并不是元素越多越复杂越能体现效果，反倒是量化素材巧妙的运用会带来意想不到的视觉表达。

　　渐变设计可以很明艳也可以很冷静，下图中有插画、有网页、有页面，无论哪种形式，色彩这股情绪通过主色和辅助色的搭配来明确插画的色调。插画的色调传达的视觉信息可以很丰富，就像拍一部电影，例如镜头下是日常的色调，那多半是纪录片；再如彼得·韦伯指导的电影《戴珍珠耳环的少女》，整部电影就像荷兰巨匠维米尔的代表作《戴珍珠耳环的少女》，电影将这部画作延伸为了光影艺术，绝美宛若油画般的画面质感，使人仿若置身画中，导演彼得·韦柏在这种古典之美的氛围中所营造的平缓却不乏真挚的爱恋，对情感细腻的把控，使电影并非只有一身华美的外衣，同样有着迷人的内在。看过电影的人们一定会被那浓重的色调所震慑，这或许就是色彩隐藏的真正魅力。

微妙的渐变效果作品

3

PART

第 6 章

UI 图标设计

从 UI 图标入门学习

在UI视觉设计体系中，图标是App应用中非常重要的组成部分，也是体现视觉识别度的部分。了解图标相关概念，以及正确绘制方法，是入门UI设计的必修课。很多初级设计者困惑如何入门学习，找设计图临摹又不知道从哪些类型入手，或者临摹了发现设计中有很多细节不知道如何用软件的一些技巧来完成。

除此之外，UI图标设计是初学者比较容易入门学习的部分，本章将带领大家从软件的使用到UI的设计习惯，以及视觉设计基本常识逐步学习。对设计的创意都有所了解，这样才能在实际项目中游刃有余。

6.1.1　应用图标小常识

首先对图标的基本认知，它是一种图形化的标识，有广义和狭义两种概念。广义的图标指的是所有现实中有明确指向含义的图形符号，狭义的图标主要指在计算机设备界面中的图形符号，有非常大的覆盖范围。

对于UI设计师而言，我们主要针对的就是狭义的概念，它是UI界面视觉组成的关键元素之一。在当下最常见的扁平化设计风格中，界面的组成只有两类：图形和文字，但是视觉部分的设计元素多以几何图形为主。

下面我们来了解一下图标的设计规范，如下图Google Material Design的关键线和网格参考，这一环节是为了确保图标在网格环境下，关键线形状以网格为基础，通过核心形状作为轮廓参考，让更多不规则图形之间保持视觉比例上的一致。

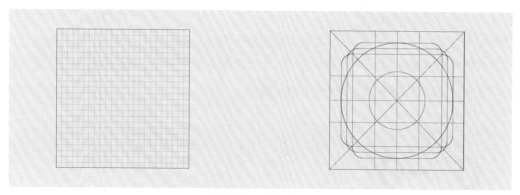

源自 Material Design

规范所画图形的外轮廓，从视觉角度出发，右面所见的视觉面积跟实际的面积略有区别。如果项目中图标的背景相同但图形不同，那么我们就可以根据这类参考线进行外形的把控，最终让图形的尺寸在视觉上保持一致。另外，应用图标又称启动图标，是指Appstore等应用商店展示并下载给用户使用的各大应用的开屏图标，默认设计尺寸为1024像素×1024像素，分辨率为72像素/英寸，这个参数在iOS和Android中都适用。大尺寸的设定是为了适配更多有差异的图形和使用环境的考量。应用图标设计从一开始就是以最大尺寸入手，方便更多尺寸修改的同时不会降低工作效率。

下图为Material Design非常经典的视觉面积展示案例。相同背景，玫瑰色边线所占边线位置各不相同，但图形的视觉不会有特别大的差别。大家在设计不同形状图标时可以参考。

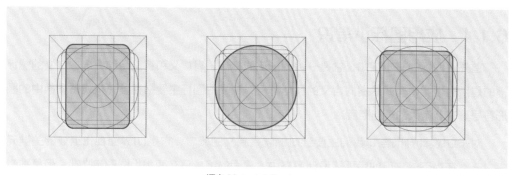

源自 Material Design

UI设计中图标分为3种常见款式：**应用图标**、**功能图标**、**图饰图标**。应用图标的设计比后两种类型的图标更难，因为它带有非常明确的品牌传达意识。应用图标一般有两种形式：文字形式和图形形式。

文字形式的应用图标特点：**品牌信息识别度高**。世界的任何角落只要有语言的地方大家就可以畅通无阻地沟通，毕竟语言是最直白的表达方式，无论哪种语言都是。所以各大品牌为了打开各自想要的市场，会在仅有的视觉面积里高度概括自身的品牌价值，通过尽可能少的文字设计把品牌的意义表达到位。同时字体图形化会让应用在用户的找寻和使用中更接地气。如下图所示。

图形形式的应用图标特点：**图形让情感表达更丰富**。图形形式图标的设计风格千变万化，从早年的拟物设计到如今的扁平风格，其花样如孙悟空的72变般变化层出不穷。目前比较有风格的设计有5种，分别是：渐变风、卡通风、扁平风、拟物风、2.5D风格。下图请"对号入座"。

6.1.2　PS软件UI特训

既然说得这么热闹，那么接下来我就先从渐变风格图标开始，给大家聊聊图形形式的图标如何设计，希望大家通过案例能对软件操作有一个新的认识。因为本书会有很多案例所以每次案例讲解我将忽略打开软件的环节。设计小白跟着我来操作，高级同学请自行跳过。

打开PS（Photoshop CC 2019版）软件，新建文档，在预设详细信息下方给文件起个响亮的名字，然后开始设置绘图面板尺寸，其中尺寸为1024像素×1024像素，分辨率为72像素/英寸，颜色模式RGB/8位，背景内容白色，最后单击创建按钮。如下图所示。

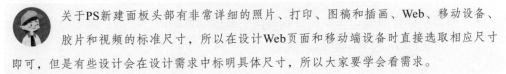

关于PS新建面板头部有非常详细的照片、打印、图稿和插画、Web、移动设备、胶片和视频的标准尺寸，所以在设计Web页面和移动端设备时直接选取相应尺寸即可，但是有些设计会在设计需求中标明具体尺寸，所以大家要学会看需求。

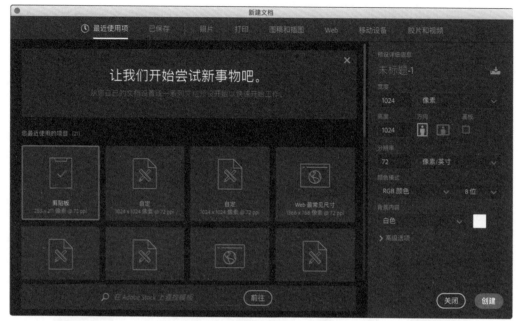

Photoshop 新建文档面板（Com+N）

我们来了解一下PS软件的界面，先观察下图，左右两张图分别是实物化PS界面和真实PS界面，两者对比能更直观说明平面设计类软件界面的操作模式。

实物化 PS 界面　　　　　　　　　　　真实 PS 界面

- 上部：是软件的导航栏，界面中出现的全部功能都在这里。

- 左部：工具面板（单排或双排显示），鼠标放在▦图标右下角小三角形上方时，界面会显示编辑工具栏，大家可以根据自己的习惯来安排自己的工具位置，很随性。

- 右部：操作面板，在顶部导航窗口中都可以找到进行添加。隐藏的快捷键是Shift+Tab，AI/PS通用。

- 中部：画布的位置，是用来爆发你的小宇宙的位置。而且中间画布的位置可以按快捷键F显示3种浏览图形的方式，放大和缩小画布快捷键为Com++/Com+-，比较常用。

- 下部：左下角会显示图形屏幕展示的百分比（100%）和该文件宽度、高度、通道、分辨率的详细介绍，如果你截图分辨率是144像素/英寸就需要尽快修改成网页分辨率72像素/英寸即可。

下图为主要工作阵地。

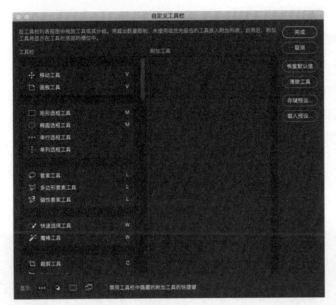

编辑工具栏

操作面板集合

Photoshop（以下简称PS），主要专长有两大块：一是图像处理，二是图像绘制。但主要还是擅长图像处理。其中包含平面设计、广告摄影、原画创意、网页制作、视觉创意、界面设计等。

Photoshop主要处理以像素所构成的数字图像为主，又称位图。所以网页设计和UI设计中文件格式都是像素。PS的另一功能是绘图功能，众所周知，随着动漫影视产业的飞速发展，根据不同功能细分出的软件也是层出不穷的，单以漫画为例，除了PS还有SAI和CSP专业的绘画软件。不过再野蛮的市场环境也无法阻挡PS这棵常青树枝繁叶茂，PS配合Wacom手绘板或手绘屏在很多大神手中被赋予了生命力。所以大家在本书的学习中也不要忘记多去关注和学习更多插画技能，让自己成为未来的江湖传奇。

在讲案例之前，还要稍微啰嗦几句设计习惯：

第一，养成三步一保存的习惯。早年的经历提醒我们，因为软件崩盘不保存的血泪史历历在目。

第二，动手做之前没思路，就要学会在设计网站做关键字/词的搜索，如果对设计的图标概念陌生，找相关Icon网站对所设计的主题进行设计比对。

第三，版权问题。无论是图片还是文字都是有版权的，小伙伴必须有非常高的版权意识。如果需要使用有版权的图片尽量不用人物，网络上的图片要尽可能做修改或者干脆自己设计最实际。如果金主爸爸有钱那就直接买版权吧！

第四，细节问题。作为专业设计者，无论是Web还是App设计，图形文件都要细致到"1"像素。

第五，尽量使用快捷键提高效率，作为一个设计工作者，能够快速熟练使用快捷键是非常有必要的。下图是从网站上找到的键盘对照图，供大家学习。Com键、Alt键、Shift键都是常用配合键，更多具体操作会在以后的案例中逐一说明。

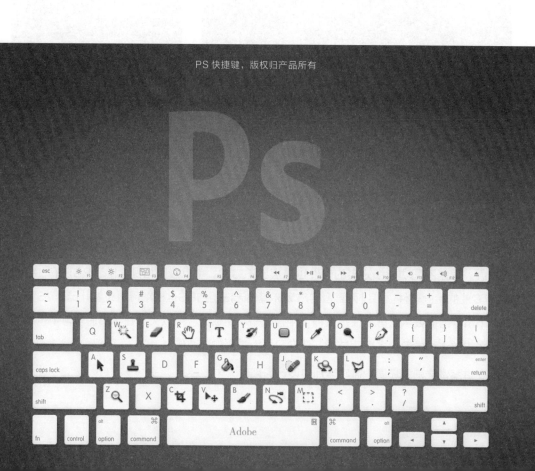

PS 快捷键，版权归产品所有

6.1.3　所谓轻拟物（PS）

UI设计围绕产品，产品围绕人心，设计的发展趋势就像人身体里的毛细血管，互相牵连交替而生。设计的改变源自人们对物质世界的视觉要求，表面看只是样子的变化，其核心变化是生活方式的改变。任何一种变化之间都会存在过渡铺垫，如果没有铺垫，人们能否接受那就难说了！所以熟悉的思维操作还会依照固有的习惯来完成。一般视觉反差太过强烈的，习惯的养成要花些成本。所以以拟物设计的改变除了去除厚重的材质感以外，仍需保留色彩和光泽，稍微去除厚重的味道，转为轻拟物设计风格。轻拟物是一种视觉的进步，也是一种视觉的放松，去繁化简，简美至极。

轻拟物的设计风格无疑是近几年比较流行的设计风格之一，自从手机端的发展进入平稳期，人们花在手机上的时间越来越有限，因此让视觉轻松、易读、快速消化是设计者寻求设计风格改变的主要原因。轻拟物设计风格介于拟物风格和扁平风格之间，简化对物体厚重质感的刻画，融合扁平风格轻薄的视觉感受，自此以一种全新面貌示人。轻拟物的辨识度高，外形清新自然，让产品在画面中更有亲和力。另外轻拟物不仅在图标设计中体现，如今的插画和应用界面以及品牌LOGO设计中都很常见。因此不难看出轻拟物和扁平风格将在未来的设计中融合运用，你中有我，我中有你。轻松的画面感透过故事性的色彩，将生活中写实的事物保鲜在视觉设计中。

下图作品源自网络，将轻拟物与扁平风格合二为一，这种类型的摆拍作品大家可以通过对图标的学习自己完成一幅，放入自己的作品集，一定是很有个性的展示。

1. 制作带阴影的背景

下面就开始讲解。如下图所示，图❶、图❷、图❸的阴影部分并不一致，我们先来设计图❶。

图❶

第1步：新建宽1600像素×高1200像素的文件，分辨率设置为72像素/英寸，选择矩形工具□新建跟背景一样大的图形，双击图层前端小窗口，弹出色板设置色值：ecf0f3，这样背景就设计完成了。如下图所示。

双击图层部分-调色

第2步：选择矩形工具新建400像素的方形，四角导角50像素。双击图层右部弹出图层样式面板，设置如下图所示。其中暗部色值：bdcade，亮部色值：ffffff。方向千万不要搞错。下图❶是PS版本在图层样式面板中新增的功能，目的是可以对多样式进行操作，例如两个投影一上一下。如果样式的顺序错误可以选择图❷，一般是样式面板左下角进行上下顺序调整。图❶设计完成。

图❷

直接选择矩形工具重新绘制400像素的方形，圆角50像素，保持色值：ecf0f3，或选择图❶图层按快捷键Com+J复制，并删掉图层样式（左键按住图层样式拖拽至垃圾桶即可删除）。下面重新制作图层样式，双击图层找到图层样式面板，选择内阴影设置，如下图所示。暗部色值：bdcade，亮部色值：ffffff，与图❶一致，设置完成。如下图所示。

图❸

有了图❶和图❷的操作，图❸的操作需要画两个有大小区别的圆形。大圆尺寸400像素，小圆尺寸240像素，一样色值：ecf0f3。小圆按照图❶的投影样式设置，大圆按照图❷内阴影的设置完成，这样上下居中组合就完成了。如下图所示。

以上三组图形设置简单巧妙，但是阴影位置不能搞错，右图是内阴影设置将亮暗面调换对比效果。原来凹进去的部分变成了凸起，这也就是为什么光线强弱会让物体产生不同视觉的原理。

通过上面的案例可见，一个优秀的设计需要更多考虑到色调下的质感，这才是轻拟物最擅长表现的视觉效果。下面案例我们要继续保持清新自然的色调思路，来尝试用软件的其他功能设计。

天气应用图标

● 首先选择矩形工具，在画布中间双击左键，弹出如下图所示创建矩形面板，设置宽、高尺寸为1024像素，注意"从中心"此项单击后如果画布没有居中展开，请选择对齐面板进行居中对齐。或者直接在画布上先画出图形，再到"属性面板"对图形尺寸进行精准修改。矩形圆角设置200像素。以下三个面板的设置在实际PS操作中比较常用，所以大家必须熟悉。

创建矩形面板

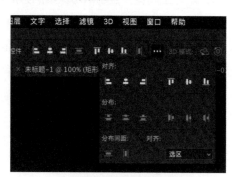

对齐面板位置

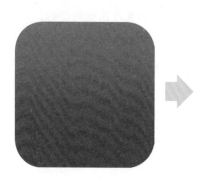

对齐面板位置

2. 给矩形增加渐变样式

如下图箭头1、2、3所示。

第1步：双击图层面板，弹出图层样式界面。

第2步：选择渐变叠加。

第3步：单击颜色，弹出"渐变编辑器"，调整颜色条两端的颜色值左：#6a3fad，右：#a570f9，单击"确定"按钮。

编辑器中的色值调好后可以单击"新建"按钮存入编辑器，以便之后使用。本图标的太阳和云都是渐变样式，使用以上操作即可完成样式设置。

3. 设计不规则图形"云"

如下图所示。先了解操作思路，云是用3个大小不同的圆形组成，如果利用3个正圆会让云的形状比较高，在整个图标上占用面积过多，显得比例不协调。因此将圆形的底部点向上移动一部分，再组成云的形状。最后底部不齐的部分用矩形补齐即可，操作如下。

第1步：选择"椭圆工具"在画布中画出图形，按照下图"3"位置摆放好图形，并按P键调整底部弧度，如下图"2"所示。完成PS图层中三个圆形和一个底部长方形的组合。

第2步：准备合并图层，先按住Shift+鼠标左键单击选中PS图层，该操作是要选中合并的图形，合并快捷键是Com+E，合并形状即可。或者直接选择界面上部的"工具选项栏"中的路径操作进行修改编辑。

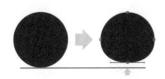

1. 椭圆工具   2. 椭圆工具变形   3. 云形状组合分解

4. 对图形投影和云外形上的渐变部分进行操作

完成太阳和云两个图层外形的绘制，并加上如下图渐变色值效果。这样整个图标的整体视觉基本就快完成了。

太阳和云轮廓组合

阳和云的渐变色值

首先要了解渐变的两种形式，一种是图层样式下的渐变叠加形式，另一种是图层增加蒙版产生透明的形式。下面以云形为例实际操作一下。

第一种：如上左图所示，在图层上增加"渐变叠加"效果，色值如上图云的色值。

第二种：如上右图所示，选择要增加蒙版的图层，在图层面板底部找到蒙版工具 ● 单击，让图层整体增加了一个蒙版，在左侧工具栏中选择渐变工具，如下图"云蒙版"所示。具体渐变的高度根据自己对图形的理解进行绘制，同时渐变图层的透明度可以根据需要进行调整，设置60%~70%即可。实际效果请看下图。

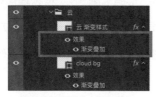

第一种图层样式—渐变叠加

第二种图层增加蒙版

"云"最终效果

渐变工具有4种渐变方式，在UI设计中都比较常用。本案例用到的线性渐变，按住快捷键Shift可以保持横向、纵向、45°角的拉伸水平。另外透明度的快捷键是键盘上的数字（1~0），例如透明度30%就按数字键盘3，透明度75%就按7、5，透明度100%就先按数字0，图层界面中的不透明度显示为10%，然后再按1即可。

5. 投影效果

第1步：将云和太阳的3个图层选中，在图层面板下选中创建新组，将3个图层放入文件夹中。

第2步：双击文件夹图层弹出图层样式面板，选择投影，设置距离：78，大小：60。范围大小可以关注预览效果。

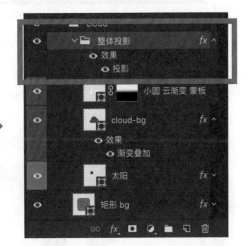

图层添加到"创建新组"

注意在投影操作界面中有几个设置需要大家熟知。

第一："使用全局光"顾名思义全体光源效果一致，例如模仿太阳10点钟方向是可以使用的。一般该选项前面会默认勾选，需要注意图层光源不一致的时候请取消勾选。因为当设计者改动其他图层设置时，投影效果会整体改变，打乱所有效果。如发生错误请先关闭图层样式，重新设置。

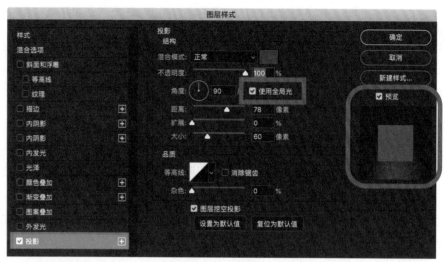

图层添加到"创建新组"

第二："距离"和"大小"两部分的设置是互相呼应的。

第三："杂色"和"扩展"相互呼应，如果有需要部分模仿噪点效果，图层样式里的任何样式，只要拥有杂色效果，就都可以将所在层调整出类似噪点的效果。补充一句，杂色效果只是相似于噪点效果，调节并不细致，最终效果还受到图形尺寸大小的限制。因此使用软件需要多磨合，每天学一些用一些，日积月累，最终设计出万人仰慕的好作品。

图层添加到"创建新组"

动手做设计，大家都希望学以致用，从简单案例临摹开始，临摹几个就想马上创作，但是任何技能的学习都需要功底扎实。建议大家不要只停留在对软件技法方面的学习，要多从设计思路和设计风格方面去思考总结。多去比较作品，多去换位思考设计角度。一些设计师能力不错，学习能力和临摹能力都很好，所以在自己的作品中很快能带入那些看到、认识到的视觉语言。相反能力不及就开始创作的同学，作品就会显得软弱无力，毫无视觉冲击感。设计不仅仅是技巧，更多的是对事物的深入理解和总体整理能力。任何优秀的设计者首先能够迅速模仿，在模仿的同时创造出自己的理解，这是作为初级设计者需要不断练习的地方。在这里大家可以通过这一简单案例发散出同类型不同内容的图标设计，平时练习做得足，做项目进入状态就快，方便之后在工作中更娴熟的表达。

另外，在PS图层问题上，图层使用数量多少直接决定文件的大小。设计中用最少的图层表现最多的视觉效果，也是希望大家在使用软件的时候提高图层的利用率。很多初学者会认为投影应该在每一个图形后面，但是从"层"的分组来看，每个图层作为各自的个性单细胞存在，受文件夹的整合控制。这样就像之前杂色部分讲解一样。一步达不到的效果，我们会用两步或组合形式的方法来解决。本设计的完整图层展示如右图所示。

完整图层展示

总结

本节案例操作简单，一个文件夹加4个图层就搞定一幅图标作品。这里大部分图层都使用了图层样式。通过这组操作，可以衍生出更多类似扁平风格的图标、图形、小插画之类的设计。作为初级案例，渐变样式、投影、路径操作、图层组合都是UI视觉设计中最基础的部分。不要小看这些基础，设计者随着能力的提升加大图形量化和创意度，最终高质量的作品就会诞生。

6.1.4　轻拟物——渐变的升级（PS）

接下来分享6个国外设计案例（下图），以小编的视角讲解设计的过程和亮点。同时也希望大家开拓思路，从不同的视觉中感受轻拟物风格的视觉力量。

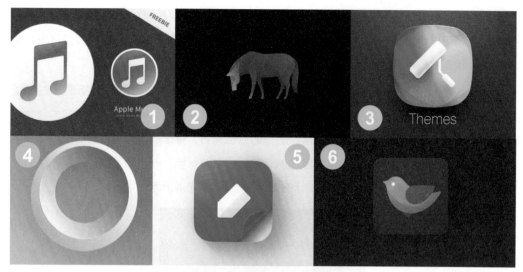

设计源自互联网

【案例图1】

轻拟物的视觉效果需要通过色彩渐变从视觉呈现中得到什么。如上图❶与图❷冷暖颜色之间的撞色对比，图❸渐变色彩之间的融合效果，图❹色彩之间相互配合，产生立体感和空间感，图❺与图❻色彩搭配有趣味的图形让画面更有趣味性更可爱。视觉设计中形状达不到的力度靠色彩弥补，只要大家细心观察、反复调试、用对方法，作品就会产生共鸣。下面是上图❶的完整"图层步骤展示"。

彩色音乐图标

白色音乐图标

音符图标的设计跟本章第一个上下投影的案例非常像。区别在于凹槽音符颜色是彩色。同时增加了内发光效果。下图中的图层样式面板是椭圆形一背景渐变具体设置。这组背景充分利用同色系之间色彩微妙变化，形成丰富的视觉跨度感。

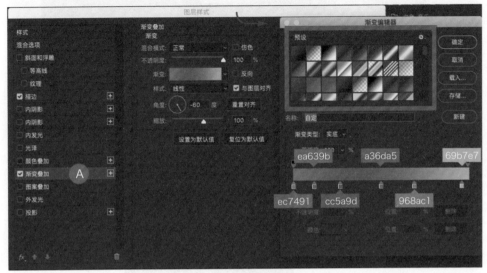

渐变叠加层设置

渐变编辑器面板：在图层样式一双击渐变一弹出渐变编辑器，在"预设"中的色板都可以进行选择和修改。例如鼠标右键是新建渐变、重命名渐变、删除渐变。调好的色值可以保存，操作方法是选中新建按钮。另外图形█在色条的上下，在上用来调透明度，在下用来调颜色，将鼠标靠近色条附近单击就可以增加调节点。上方的透明度调节需要配合下方的不透明度选项。下方的颜色调节如果需要调节两点中间相近的颜色，将鼠标单点击吸取颜色就会有变化，非常方便。

如右图所示，音符需要3个图层样式搞定。图中为3个图层视角展示，该图标用到2个渐变效果，显然一个单独渐变色泽的冲击力不够，需要再增加一个半透明固有色渐变配合。❶渐变效果的色值与上图背景色设置一样。

上图渐变叠加层设置如下图所示。整体渐变角度66，并非直角，本图层只为图形左上角补充偏色，因此颜色面积不易过大。

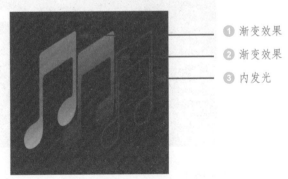

❶ 渐变效果
❷ 渐变效果
❸ 内发光

分层效果和整体预览效果

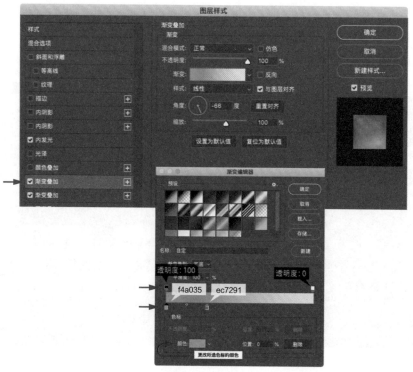

渐变叠加设置

内发光设置如下图，色值："e84562"。注意如果你设计的图形尺寸与本图尺寸不一致，设置中的内发光面积会有区别，可以自己练习调整，只要投影大小看着合理、舒服即可。

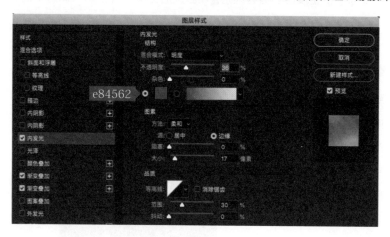

【案例图2】

第1步：按照顺序先绘制低头行走状态的马。形状部分的设计稍微考虑腿的里部颜色略深，这部分的"形"可以单独独立。身体的分解顺序如下图❶与图❷所示，同时肢体的分解靠色彩整合成整体。渐变色丰富了图形的色彩层次，让扁平风格图形多了几分立体味道。

第2步：图❶将完整图形增加渐变颜色。选择样式：线性，角度：0，编辑完颜色别忘记将颜色添加到预设里，以便之后使用。

在PS图层样式中每个样式里都会有一个"复位为默认值"在整个界面右侧偏下的位置。因为软件有时候会有之前操作的记忆，所以有时候自己的操作软件没有反应，这时候直接单击"复位为默认值"就可以恢复到默认初始状态，再重新调整即可。

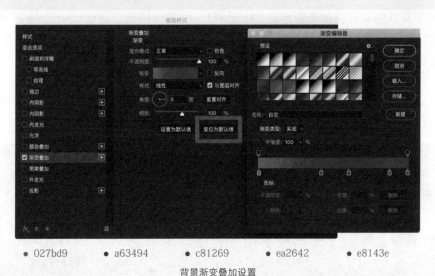

● 027bd9　　● a63494　　● c81269　　● ea2642　　● e8143e

背景渐变叠加设置

第3步：图层蒙版。在第一段案例中讲到的云，就介绍了关于图层增加蒙版产生渐变效果，这一段继续这一操作。下图为图层面板对比。下面以后腿为例讲解。

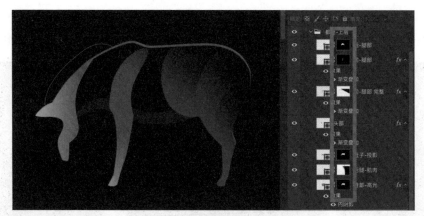

图层面板对比

（1）选择钢笔工具画出后腿外形，在图层面板底部选择添加图层蒙版 ■。在工具栏选渐变工具，选线性渐变按照视觉方向减去腿部可视部分。如下图所示。

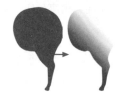 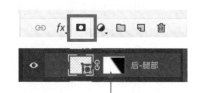

添加蒙版渐变

（2）马头的头部轮廓渐变色值：00aaf1，位置：13%。色值：8b47a9，位置：100%。

（3）马肚子部位投影，色值：9c082c，透明度：40%。

（4）马背部高光，需要去掉马鬃之后复制身体外形。调整图层填充：0%，图层样式为内投影，色值：e02573，混合模式：强光，距离：6。如下图所示。

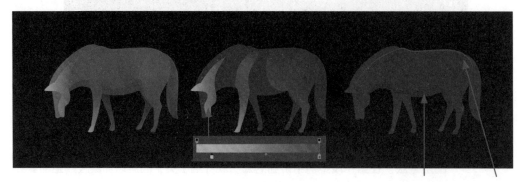

● 00aaf1　　　● 8b47a9　　　● 9c082c|透明度40%　　　● dd7b92

本案例是一个从整体到局部再回到整体的过程，第一个整体是外形完整，第二个局部是通过色彩渐变完成肢体的局部过渡。第三个是整体调整，将外形与细节做最后的色彩衔接。有些同学临摹或设计中会犯局部刻画的错误，画面细碎不整体，多参考本案例。另外本图马背部高光可以不用图层样式，利用图形布尔运算等，设计方法不止一种大家多去寻找答案，才会越来越熟悉软件。

【案例图3】

Themes主题图标，以白色滚刷为主体，配合背景对称的四种颜色混合，4种颜色从暖到冷自然过渡，视觉感突出。滚刷倾斜45度，压在颜色对接上方有力地做了遮挡，有力地带走了视觉焦点，同时半透明的白色图形拉开了滚刷与背景的空间感。接下来先设计出本图的外轮廓。

第1步：选择矩形工具画出正方形，尺寸定义如下图宽高为：980像素×980像素，边缘导角300像素。

第2步：在图形上四边居中位置添加点，四个点每个点向外挪10个像素（挪动10个像素的快捷键按Shift+向上、下、左、右键），保持同比例，这样就出现比较圆润的方形。如下图所示。

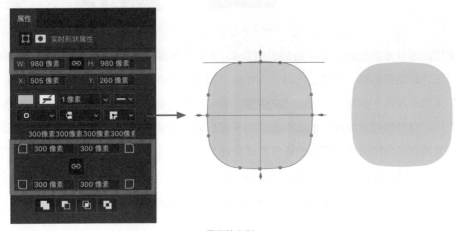

圆润的方形

第3步：给图形增加蒙版，首先复制背景图层4层，填充4个图层的色值如下。

（1）下图❶的方式给图层增加蒙版，显示的部分有颜色，其他部分透明。

（2）下图❷将四个增加了蒙版的图层整体选中，居中旋转45度，这时候你会发现因为形状的原因，图形周围会有缺失。

（3）下图❸整体放大120%以上。将4个图层放入文件夹中，并对文件夹增加背景蒙版的尺寸。这样图形的大小就符合背景了。如下图所示。

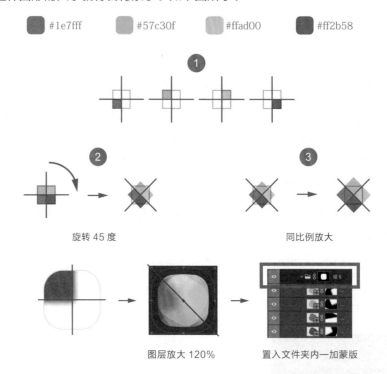

■ #1e7fff　■ #57c30f　■ #ffad00　■ #ff2b58

旋转45度　　　　　　　　　　同比例放大

图层放大120%　　　　　置入文件夹内—加蒙版

本段的设计是充分利用了蒙版的遮挡效果，PS图层有趣的是图层本身是第一个本体，将你想设计的固有色彩、形状、质地表现出来，如果无法完成我们就可以利用增加图层来完成。如果这些还是不能完成设计，"文件夹"是另一个控制"图层"的组合工具。就像房间中的衣柜，有些物品需要被一些收纳盒或格子区分开。这部分设计不止这一种方法，只不过我们需要找到最快和最适合自己的操作完成设计。

第4步：接下来在本图层上增加2层白色背景，白-1透明度：24%，白-2透明度：20%，且图形要向外扩展，具体大小看两个白色的角度和位置。

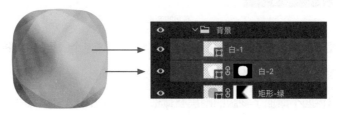

圆润的方形

第5步：下面是（刷子）的步骤。先将刷子角度设置完整之后再进行图层样式的设计。

（1）用矩形工具画出刷子滚的外形，宽×高：478像素×166像素，导角：40像素。刷子的手柄和支杆大家可以根据物体比例尝试调整尺寸，选择3个图层整体倾斜45度。

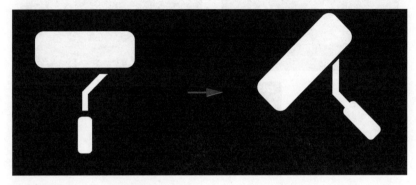

（2）增加图层样式，设置顺序如下图。

首先渐变叠加，角度：38度，刷子本身是白色，放在彩色背景上需要增加环境光，所以并没有选择颜色叠加而是利用渐变叠加满足这一条件。内投影和内发光的顺序大家随意。内阴影中距离与大小的设置经常呼应，是用来调整图形光影的虚化程度。光影状态可以尝试等高线的操作，会有惊喜的。

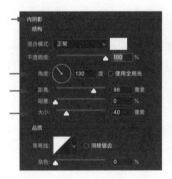

增加图层样式

上图的内发光色值是白色。下图中投影用了两层，左图在上，右图在下。这部分如果有些同学觉得一层投影可以满足效果那就无须第二层的辅助。色值：754180。细心的同学会发现两张投影在混合模式中有所不同，大家根据实际效果感受一下吧。

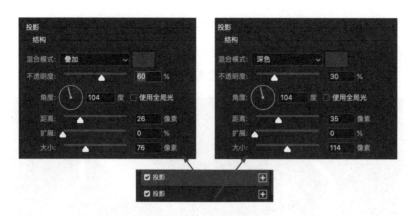

投影设置

（3）模仿刷子头部的图层样式效果，我们来完成剩下刷子杆和手柄部分样式效果。

● 刷子杆选择：

颜色叠加：色值：d4f3cf。

内发光：白色，大小：40，范围：100。

投影：色值a16a9c，混合模式：深色，不透明度：40%，角度：138，距离：24，大小：70。

● 手柄样式效果：

渐变叠加：位置：0，色值：feeef1。位置：25，色值：d4e7bd。位置：70，色值：fffffe。角度：45度。

内发光：白色，大小：38，范围：100。

投影：色值：214510，混合模式：深色，不透明度：40，角度：90，距离：61，大小：114。

效果如下图所示。

滚刷效果

　　滚刷和背景都设计完成了，下面我们完成背景投影的设置。将图层填充设置为0%。选择图层样式（投影），色值：121515。具体设置如下图。这里注意等高线的弧度。

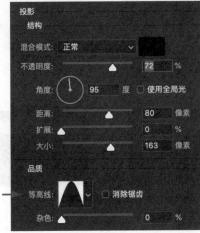

背景投影设置

　　最后整体背景色值：282828，为了让图标顶部有光感效果，灰色光感色值：595959，可以利用图形羽化或直接选择径向渐变完成操作。

【案例图4】

下图为图形效果和图层样式。

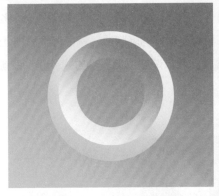

第1步：基本就是做2个镂空圆形，将渐变叠加到图形上，上圆渐变角度38度，下圆渐变角度-120度，必须保证渐变是互相对立的才能产生凹陷视觉。位置如下图所示。

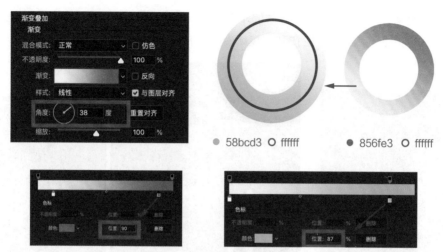

渐变编辑器中颜色位置设置

第2步：组合好图形位置，给蓝色圆增加投影图层样式，混合模式：正片叠底，不透明度：25%，色值：6996cc，角度：90，距离：40，大小：170。

第3步：给整体背景增加渐变色，选择渐变叠加图层样式，角度：−120度，蓝色：49c6c6，紫色：9479ec，如果角度不对，勾选反向选项看效果。

 通过本图形可以了解渐变标签位置不同带来的颜色松紧度不同，如果你去做电池、金属类的拟物设计，这类操作十分实用，对于深入学习UI视觉是一个好的开始。

【案例图5】

视觉感略微复杂，但实际操作并没有什么不同，仍然是不同渐变过程的量化。例如图标背景色，一个图形如果想有些起伏变化，色彩是最好的障眼法。就像化妆一样，无论妆面下隐藏何等状态，都会被色彩一层一层地掩盖。所以渐变的另一种方式就是"蒙版"+"动态模糊"带来的渐变效果。如下图所示。

下面给大家介绍案例中图标的投影部分效果。

第1步：本段的讲解将是一个倒叙的过程，此处略去一万字。

第2步：图标背景效果操作如下图❶、图❷、图❸的步骤所示。

图❶：选择矩形工具画一个长方形，旋转45度，并让宽度与图标对角两端宽度一致，模仿光照在物体上阴影效果。在对图形进行滤镜操作之前，尽量将图层转换为智能对象。这一操作是为了让图层可以进行滤镜修改。图层也可以进行双击左侧小图标进入小窗口进行修改。但是不建议无操作的界面都转成智能对象，毕竟修改会变得麻烦。

图❷：选择图形进行以下操作：滤镜—模糊—动感模糊，设置如下图动感模糊面板。如果因为角度问题没有产生四边模糊，请配合距离选项的数值，增加四周倾斜和模糊的感觉。以下数值仅供参考，大家可以多尝试数值变化以便更好地了解这一功能的视觉效果。

图❸：在图形上增加蒙版，将周围修剪一下，让图标的影子长短自然一些即可。

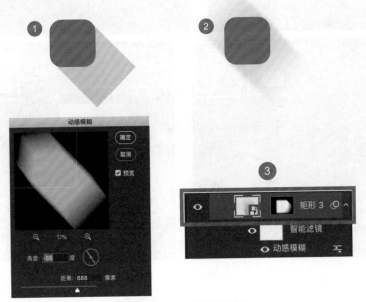

动感模糊效果＋图层蒙版效果

以上图形背景光的投影渐变效果属于组合形式，其实软件中的组合形式操作非常多，如果你只是改改字修修图自然不会发现更多设计的乐趣。一个软件的高度不在于软件自身，而在于软件的使用者。下面来分步骤讲解右下角折角的视觉效果。

（1）画出图形，图标的尺寸是960像素×960像素，导角200像素。所以折回来的角也是200像素，形状剪切如下图所示。

（2）本环节主要介绍折角的渐变效果，也是组合式的操作。一般PS设计中，只要是一个图层能解决的问题，尽量不产生第二个图层，这是为了控制文件大小养成好习惯。图形由图❶和图❷两个图层完成。图❶上角渐变图层为白色加蒙版产生的高光渐变。图❷折角－整体渐变叠加图层样式如下图设置内阴影加渐变叠加完成样式后将图层放入文件夹中，给文件夹增加过度蒙版，蒙版的目的是让图❶与图❷更贴合背景。

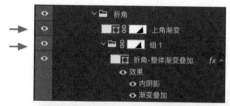

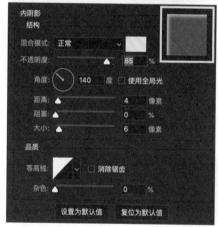

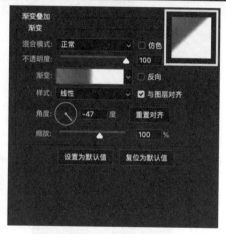

□ ffdae7　　　　　　　　■ f55aa2 位置4　　　■ ec024f 位置44

折角－整体渐变叠＋样式设置

第3步：如下图顺序将图标其余的部分完成，进行整体视觉调整。

图❶：已经设计完成群组放到一边备用。

图❷：大家可以将笔的形状在AI中完成，在多边圆角形状这件事上AI是最适合的设计工具。同时2个软件配合操作提高工作效率。

图❸：渐变设置角度：－50度。设置色值左：ff7f47，色值右：fe3380。

图❹：渐变设置角度：−45度。设置色值：ca5182，位置：82%，色值：f9ebea，位置：96%。

■ ff7f47　位置0
■ fe3380　位置100

■ ca5182　位置82
□ f9ebea　位置96

【案例图6】

"鸟"应用图标设计。参考下图图形渐变色值标注。下图中❺为鸟身体后方投影色值，下图中❻为眼睛色值，下图中❼为整个图标大背景后面的投影色值全黑色，透明度：20%。本图利用的图层样式为渐变叠加，来完成整个图形的填色和风格把控。设计点在于小鸟流线外形本身和暗色调对比。

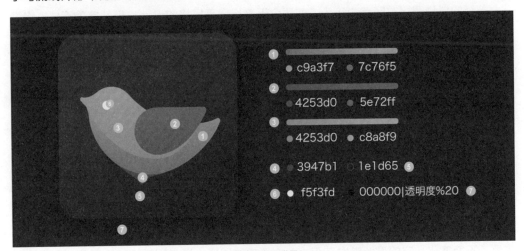

作品源自互联网

通过以上6个"短平块"案例的讲解，希望大家对轻拟物质感的操作能由浅入深地逐一理解，设计中多加练习，多多临摹，从量变到质变地提高技能。同时加入自己的视觉理解和思考，创新永远是设计者坚定不移的设计方向和目标。宝剑锋从磨砺出，梅花香自苦寒来。凡事需要细心、专心、用心。软件的操作只是一个基础，希望大家能将源源不断的好想法、好创意融入作品中，同时提高作品的视觉欣赏力，为原创添砖加瓦。

"重"拟物设计

　　拟物化（Skeuomphphic）设计比较注重形和质感的契合，模拟真实物体的材质、质感、细节等，从而达到逼真效果。拟物化图标是UI设计爱好者深入学习视觉的最佳对象，通过绘制图标过程中提高PS技巧，熟练掌握质感、高光、视角、光感的表达。因为UI视觉的风格引领，如今很多流行趋势发生改变，创新风格不断颠覆人们固有视觉，带来更多创意和发展。

　　曾经的拟物图标发展有些年头，即便今天流行扁平风格的设计，仍然掩盖不住拟物设计中对写实事物美好的表达。就像曾经的"喇叭裤""猫王""玛丽莲·梦露"这些超级名词，即便已是过往，还是会三五不时引领潮流。当然如今流行的扁平风格和轻拟物风格设计，并不代表拟物图标的没落，而是拟物风格有了更好的方向，适应时代的发展，同时不断创新才能使文化发扬光大。任何设计风格都不是无缘无故而生，拟物化风格和扁平化风格看似各自为营，实则互相借鉴相互弥补。斯科特和乔布斯一同开创了iOS拟物化设计时代，你可以在iOS中找到真实世界的影子，如下图（左）所示。其实任何时代都会有该时代的设计风格，那么什么样的风格会流传，在流传过程中不断地被创新，之后又产生了什么风格，其实这一切都环环相扣。有一句话叫"道法自然"，设计的时代是一层一层发生变化的，最终顺其自然，自然而然地发生。拟物设计不是一个时代，而是一种风格，随着时间的流逝不断丰富，不断变化。它的设计魅力在于将一个简单的图形，通过视觉的设计细节、色彩的润色、光感的点缀，让图形在画面中更加生动，有真实的味道，还会赋予软萌的感觉。即便是扁平风格的设计，同样也借鉴了拟物的一些风格，将之轻量化地附着在设计风格中。所以未来拟物设计将融入插画。当人们越是想逃离现实就越会从网络中产生另一个现实的世界，拟物就是一个非常好的表现手段。所以请期待拟物风格的未来，它会在网络设计中崭露头角，下面来感受下拟物风格的魅力吧！

iOS "拟物化"和"扁平化"对比

下图来自互联网，除了拟物图标还有拟物图形设计，放在一起并不违和。很多设计者都认为这些设计应该是靠三维软件设计出来的，毕竟视角毫无破绽。确实有些会利用三维软件，有些就是靠PS来完成的。这些作品，构图完整，颜色丰富，光感十足，别具一格。如果你是职场小白，作品集中能拥有这样几幅设计作品，一定会让面试官眼前一亮。请注意，我说的不是单纯的模仿，而是抓住设计风格创作出属于自己的设计作品。

"重"拟物图标的设计过程是与轻拟物一样操作的量化过程。同时设计中需要注意更多细节部分的处理，毕竟设计的难度和细致程度都增加了很多。另外"重"拟物设计的设计思维就像绘画中的超写实手法，什么时候结束需要设计师做对见好就收的判断。

6.2.1　如何增加材质（PS）

首先利用网络找到材质素材并不是难事，在网站中搜索材质的高清大图即可。如果你只选择比较常规的材质，例如：金木水火土系列，网络下载基本能满足需求。除非从事商业类的项目，对材质的要求严格，需要专业的设计者亲自为其拍摄或修改调整。下面我们以材质为例先了解PS软件增加材质的过程。

网络材质素材图

1. PS图层嵌入方式

第1步：打开PS软件—创建画板—选择椭圆形工具按住Shift键画一个正圆。本段只为了解操作，具体图形尺寸和画板尺寸大家自定义操作。

第2步：选择一张材质图片在PS中打开，按Com+A键全选图片，按Com+C键复制，在回到图形画面中按Com+V键粘贴。或者直接将图片拖曳入新创建面板，省去复制粘贴的动作。

第3步：接下来就是图层与图层之间的嵌入操作，如下图所示，图层顺序为金属材质图层在椭圆1图层上。选择金属材质图层，将鼠标移到两个图层中间缝隙处，同时按下Alt+Com键，两个图层中间出现向下箭头，如下左图所示，然后单击缝隙中间就会将金属材质层嵌入到下方图层。如果想取消嵌入，重复刚刚的操作即可。

嵌入操作可以多图层嵌入，主要是能对嵌入的图层进行缩放、旋转、斜切、扭曲、透视、变形的操作。在下图中按Com+T键选中图层，单击右键即可完成图层材质变形的操作。下图木球的设计就是如此，木纹本身是直的，通过变形让图形两端收缩，边缘更好地贴合外形。同时模仿球体增加高光和投影，很快完成球材质的设计。

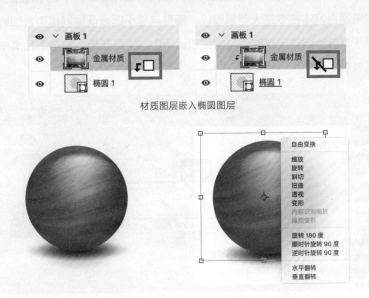

材质图层嵌入椭圆图层

2. PS图层样式——图案叠加

PS增加材质的另一个操作是通过图层样式完成。先了解下设计思路，首先需要把已有材质图做成定义图案，将无论大图小图都转换成图案的思路来定义，未来可以随意用到网站背景、专题等所需要的位置，随用随取。以下图手机皮毛效果为例。

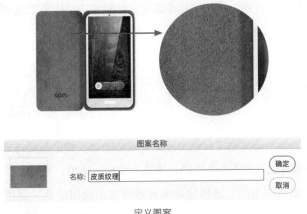

定义图案

第1步：打开皮质纹理图—选择PS编辑菜单—定义图案—编辑好名字—单击确定按钮。

第2步：选择需要增加的图层，双击图层弹出图层样式—选择图案叠加—单击图案弹出下拉框，选择皮质纹理。默认大小为100%，缩放大小需要根据置入图的视觉大小来决定。一般材质图都较大，所以从0至1000适当调节并让图片清晰呈现。下图中贴图第一排是像素图形，这类图形适合网络或专题大背景设计。图形尺寸小适合低端网络平台加载速度。另外图案叠加在低于100%缩放尺寸时可以尝试25、50、75的数值，有些图片清晰度会好于其他数值，仅供参考。

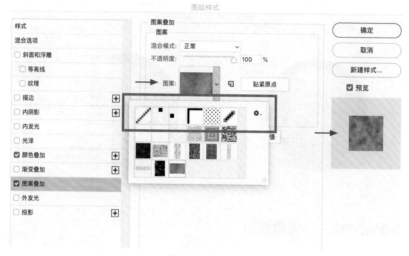

第2步图层样式

3. PS模仿金属效果

在曾经的拟物图标设计中，模仿视觉感的设计比较常见。以下图金属球、黄色琉璃和透明球体的视觉效果为例，操作如下。

第1步：在PS软件中选椭圆工具画出图形，双击图层，弹出图层样式选渐变叠加，设置操作如下图。注意样式选项中有5个功能，线性、径向、角度、对称、菱形，前三种常用，后两种在做循环图案时很常用。选择径向需要跟缩放功能相配合，调整渐变跨度大小，让图形中的变化达到理想视觉。渐变设置值从左至右分别：#6c6c6c位置28、#626262位置

77、#b7b7b7位置90、#403c3c位置100。

　　第2步：仍然在图层样式中勾选内发光，这一操作是为图形增加噪点，设置值如下图所示。软件设置板块中的很多设置功能是相互弥补的。另外设置的数值会受文件尺寸大小限制，这里图形尺寸是520像素×520像素。

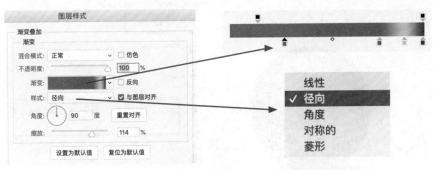

渐变叠加

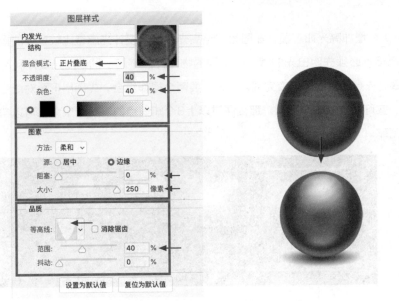

内发光

　　第3步：给图形增加底部投影，选择椭圆工具在圆球底部居中画一个椭圆，要扁，选择属性面板—蒙版—羽化：14像素设置如下图底部阴影所示。不过不算完，有时候还需要画一个渐变的圆弥补投影厚度，在画面中选渐变工具—选第二个径向渐变 绘制一个中心黑、周围透明的圆。选择图层，单击右键转换成智能对象进行压扁操作。

径向渐变的图形放大会变粗糙，所以要大一些绘制。

第4步：增加高光如下图，左图为完整高光效果。设计光感是比较重要的操作，从立体到扁平风格，必须先明白光的状态，不同的物体光感不同。图❶高光设计利用蒙版羽化即可。图❷高光是通过蒙版渐变完成。图❸需要两个操作结合，先画出形再对渐变的形进行蒙版操作，实际图层效果如下图。那么通过以上3个知识点的讲解希望大家可以自行模仿实例进行再创作。

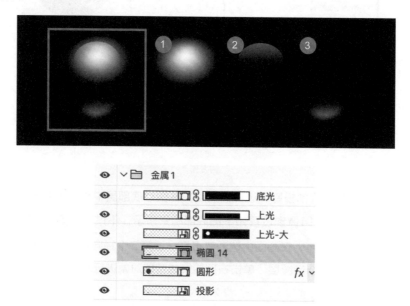

6.2.2　相机案例（PS）

本节以相机为完整案例，介绍一个重拟物图标的绘制过程。希望大家能够活学活用利用软件，发挥创意，切忌死记硬背，毕竟这不是一道数学题。

第1个图形

如下图所示，❶、❷、❸分别对应左图设计部分进行分解展示，所以下面按顺序对❶部分进行说明。

请跟随红色数字引导完成。

第1步：圆形尺寸88像素×88像素，大家需要绘制完成外形再增加样式。例如选择椭圆工具—增加图层样式—渐变叠加，基础设置如下图，图形渐变数值依次为：8b8b8b位置3、b6b6b6位置11、d2d2d2位置18、ececec位置20、dedede位置22、fcfcfc位置24、fcfcfc位置26、d7d7d7位置30、e7e7e7位置32、c8c8c8位置34、b3b3b3位置40、969696位置46、969696位置49、8b8b8b位置55、d4d4d4位置68、ebebeb位置70、dedede位置72、ffffff位置75、ffffff位置78、dadada位置8181、e7e7e7位置83、cacaca位置85、8b8b8b位置96。数值中位置的变化直接影响色彩在角度样式下的对称性。做好后请选择右侧新建样式保存当前设置，可以根据这一设置修改无数样式。数值中有几段标注了下划线是颜色相同但位置不同的设置，留心细节变化。

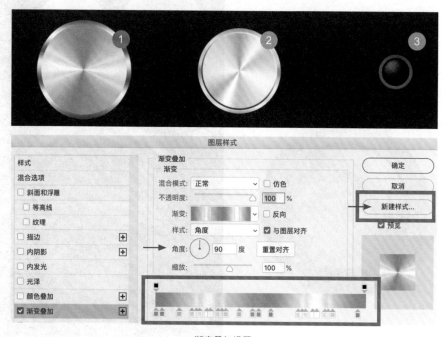

渐变叠加设置

第2步：描边基础设置如下图，渐变数值依次为：3e3e3e位置0、ffffff位置24、5e5e5e位置40、fcfcfc位置58、5e5e5e位置70、ffffff位置84、5e5e5e位置99。实际视觉效果与上图截然不同。以上同一图层的两个图层样式操作就能完成一个金属钮设计，在大图条件下为了图片逼真，可以尝试给画面增加拉丝效果，让画面更有厚度。希望大家多尝试，例如修改按钮颜色，模仿如今市面上的玫瑰金、雅黑、亮银等手机壳质感做发散式的设计，将创意视觉发挥到最大。

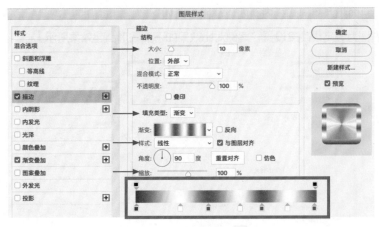

描边设置

第2个图形

有了第一个图形的两个操作经验，接下来进行红点2的操作讲解，尺寸80像素×80像素，步骤如下。如下图所示。

第1步：选择渐变叠加图层样式：角度：90，渐变数值依次为：aaaaaa位置0、f7f7f7位置8、c8c8c8位置16、f7f7f7位置30、c5c5c5位置50、ffffff位置56、bbbbbb位置62、f2f2f2位置75、aaaaaa位置100。

第2步：描边大小：8，填充类型：渐变，渐变数值为：9a9a9a位置0、f3f3f3位置9、dad9d9位置16、f3f3f3位置28、dad9d9位置36、9a9a9a位置50、dad9d9位置60、cfcece位置70、e9e8e8位置85、9a9a9a位置100。除了渐变设置还有其他设置如下图。

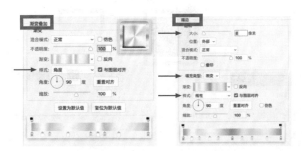

第3步：斜面和浮雕样式：内斜面，基础设置如下图，斜面和浮雕需要配合等高线完成设置，所以下右图为等高线硬度设置，案例对比效果如下图圆形凸起效果所示。

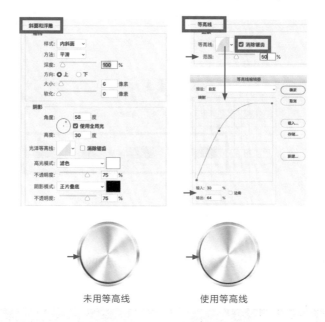

未用等高线　　　　　　使用等高线

第3个图形

如下图所示。

第1步：将24像素×24像素的圆形，图层样式增加渐变叠加，样式径向，渐变色值：151515位置0、6f6f6f位置100，径向的感觉像发光，配合色值透明度进行操作可以模仿高光。接下来增加内发光，设置色值：000000。渐变的增加会让圆形光泽变得深邃。

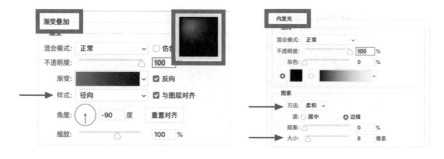

第2步：利用椭圆工具画两个直径分别为76像素、60像素的图形，小尺寸在大尺寸图层之上，两者居中，选择PS顶部路径操作—减去顶层形状，注意此操作中如果是初学者可能无法做出两个形状减去的效果，因为路径并没有在同一图层上显示，所以请重新按照下面的顺序操作：首先按快捷键P，单击图层的图层缩览图，按Com+C键复制，单击下面图层按Coml+V键粘贴，这样两个路径就完全在同一个图层中，接下来选路径操作—减去顶层形状即可。如右图所示。

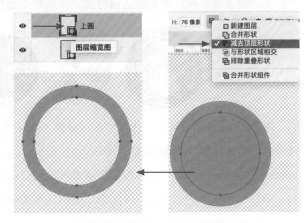

接下来给图层增加渐变叠加样式：角度。这部分渐变叠加的色值为：989898位置6、ffffff位置28、ffffff位置80、989898位置100。斜面和浮雕样式：内斜面，方法：平滑，方向：上，其他设置选择默认，具体设置参考下两图。

本节第一部分讲解了渐变、浮雕、内发光等样式以及图形路径操作。接下来的学习中需要大家巩固几个知识点，第一：减少图层的使用数量。第二：学习同一图层下的图层样式视觉配合。第三：学习不能死记，要活学活练，提高学习软件的执行力。

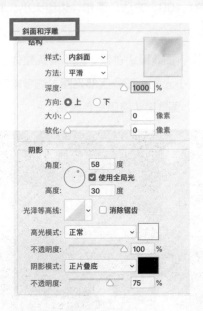

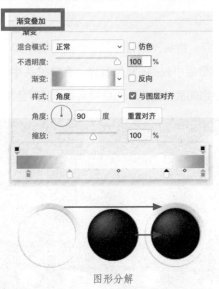

图形分解

设计第❷部分

下图❶金属外圈，下图❷凹槽材质，下图❸光圈凸起刻度层如下图所示。

第1步：上图❶金属层外圈尺寸464像素×464像素，内圈416像素×416像素，渐变叠加样式：角度：90，渐变色值：5e5e5e位置5、ffffff位置24、5e5e5e位置40、fcfcfc位置56、5e5e5e位置70、ffffff位置85、5e5e5e位置98。内发光颜色：000000，透明度：11，杂色：100，大小：24。内阴影：ffffff，不透明度：30，距离：3，角度：90。

第2步：凹槽材质尺寸外围416像素×416像素，图案叠加选择觉得舒服的材质添加，内发光因为我选的材质颜色偏浅，因此增加了色值：000000，不透明度：40，大小：21，这部分仅供大家参考。

第3步：光圈凸起刻度层材质偏向塑料或黑色金属颗粒感质地，下面通过渐变叠加和内发光合力完成。外围尺寸362像素×362像素，内围316像素×316像素，渐变叠加色值为：1b1c1c位置0，505050位置100，角度：90，其他都是默认。内发光—混合模式：正片叠底，不透明度：43，颜色：888888，杂色：100，方法：柔和，边缘大小：167，范围默认：50。

第4步：镜头光部分通过9个试图展示如下图。图❶镜头背景，图❷镜头整体最上方内发光，图❸最小光圈+紫色发光，图❹镜头中心点小光圈，图❺底部光圈，图❻镜面上下反光，图❼镜面顶部反光，图❽镜头镀膜蓝V色冷光，图❾镜头镀膜黄色暖光。

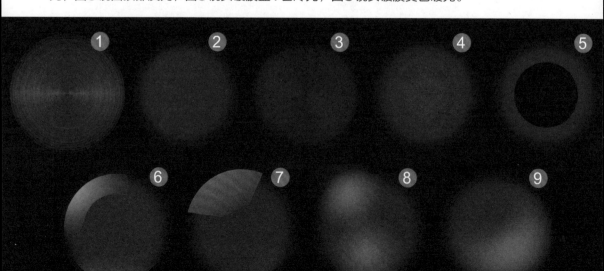

简单讲，第一行是画好形，第二行是画出光。以上是镜头刻画顺序，彩色的光线要想在图层中有非常炫目的色彩需要配合图层中设置图层的混合模式，如下图所示。

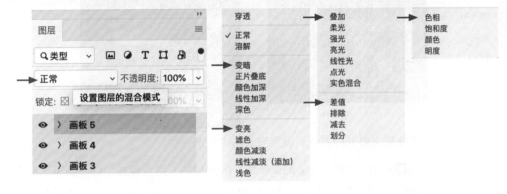

图层设置

这部分很多人都摸不到门道，每次图层混合都是现用现找，以下做个简单分析。首先PS很贴心地把色彩分了类，所以我们只要记住每个板块的第一词，变暗、变亮、叠加、差值、色相，因为每个板块下面的变化都是围绕第一个内容进行归类的。举例变暗，下面的正片叠底、颜色加深、深色都是让图形颜色走深走暗的操作。所以其他几个部分也是如此。只要记住你是需要图形变暗还是变亮，是看叠起来的效果或者出现差值还是色相的变化，就应该知道大致的选项了。

下面按照上面镜头的9张图顺序讲解一下操作。

图❶：金属拉丝旋转效果。在网站搜索"环形拉丝金属"关键词。将图形定义图案，选择顶部菜单编辑—定义图案将图形存入PS中，以后从图层样式中可以随时调用。新建320像素×320像素的圆形，对镜头的背景进行设计。选择图层单击弹出图层样式，增加图案叠加，不透明度：28，缩放：50%，同时注意如果图形没有在画面中心，请将图形在画布中进行移位调整。接着增加内发光，颜色：000000，具体设置如下图所示。

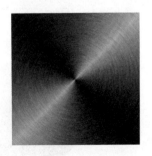

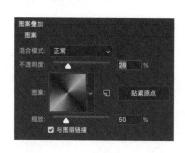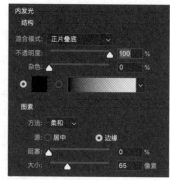

图❷：镜头整体最上方的内发光。设置与上图内发光一致。

图❸：最小光圈+紫色发光。色值图层样式：渐变叠加，混合模式：线性加深。渐变色值为：6e1cb1位置0、c767ff位置32、711fb3位置52、c767ff位置76、711fb3位置97。样式：角度：90度。增加内发光样式，混合模式：正片叠底，色值：000000，不透明度：100，大小：65，边缘显示即可。最后图3图层的整体不透明度：48%。

图❹：镜头中心点小光圈。新建56像素×56像素的圆形，色值：272727，增加图层样式：内发光，色值：000000，大小：36，边缘显示。整体图层不透明度：20%。接下来复制相同的图层，不透明度恢复100%，填充设置：0%。增加外发光，色值：6f1cb1，设置如下图所示。

图❺：底部光圈。新建176像素×176像素的圆形，色值：272727。增加内发光样式，混合模式：正片叠底，色值：000000，边缘，大小：167，单击确定按钮。

图❻：镜面上下反光。新建278像素×278像素和一个176像素×176像素的圆形，利用顶部路径操作对图形进行裁切，留住镂空的基础形。复制2~3层，颜色为：ffffff、3e6bff，主要看颜色附着在图形上的视觉效果。一般光感层颜色不会给100%，色值显得颜色生硬，适当的半透明色泽40%~50%都可以。

图❼：这里加上了影棚灯光，形状如下图所示。色值：c879cd，蒙版的添加上部清晰，下部减少，是为了让光源有主次之分。

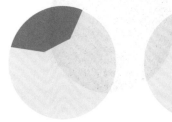

图❽：镜头镀膜蓝v色冷光。蓝色光新建106像素×106像素的圆形，色值：197cdd。给图形增加羽化，选择属性面板，找到蒙版羽化：38像素，如果觉得色值还不太理想就增加图层样式：外发光，色值一样，大小：100像素。在这里羽化与外发光可以配合调整，想要色泽融合得舒展就需要多调试。上部白色光新建90像素×75像素椭圆形，形状与圆形边缘相平行，色值：ffffff。羽化数值：29.6像素。

图❾：镜头镀膜黄色暖光。操作与图❽一样，都是利用羽化，只不过需要先建立一个210像素的圆形，色值：bb7625，对其羽化数值为50。接下来为图层增加蒙版，在蒙版上利用渐变工具■选径向渐变，具体位置参考以往案例。按照下图效果删减图形上部即可。

以上就是镜头效果的完整讲解，这段讲解中形状的具体位置无法解说，需要大家根据自己对审美的理解，也是通过对设计操作的交流来了解软件的智能。实际组装效果如下图。

第❸部分背景设计

背景的目的是衬托，样式中噪点的表达基本通过图杂色来完成，在PS操作中本身有局限性，例如图形面积过大就会显示不到画面中心，只能通过软件的其他功能来完成操作，这也是PS的盲区部分。下面根据下图的分解对相机背景进行讲解。

背景分解图

第1步：图形背景设计。用矩形工具绘制尺寸540像素×505像素，四边导角40像素的背景，颜色黑色或随意。图层要增加渐变叠加样式：线性，色值：747474位置0、3b3b3b位置100。（内发光）色值000000，设置如下图所示。

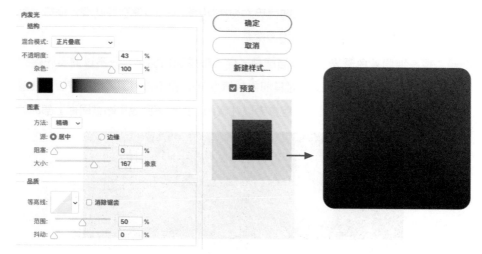

内发光设置及效果

第2步：图形的立体是通过背景图的质感加发光完成。复制第1步图形并增加高度36像素，在图层上按顺序增加样式图案叠加+颜色叠加+内发光。图案叠加的图需要在网络上搜索金属有划痕或者金属质感明显的素材，将图形通过编辑—定义图案—图案名称在图层样式中就可以看到保存的图案背景，并对透明度和尺寸进行调整，如下图。颜色叠加色值：272727，混合模式：正片叠底，不透明度：50。内发光参考下图设置。

效果如下。

镜面顶部反光。一般照相机的镜头都是球面，镜面上色彩的形状源自外部光线折射，因此这部分需要假设一些光源来模仿真实效果。大家可以去参考图片或真实物体的光源结构完成设计。如下图所示。

透明效果

镜头光感参考作品源自网络

本步操作的背景图案与参数设置如下图所示。

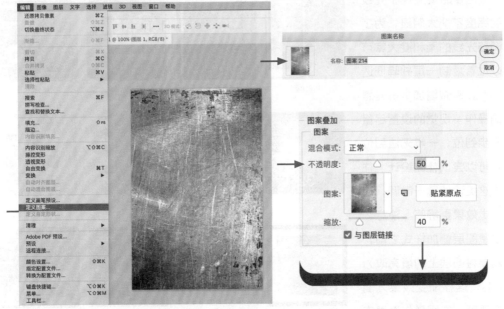

定义图案

第 2 步设置

第3步：在图形底部增加反光效果。本段有两个渐变效果可以通过渐变叠加或渐变工具+蒙版两种方法完成。效果如下图❶、图❷所示，图❶是整体图层效果，图❷是棱角高光效果。按照上面的设计思路大家可以试着完成图❶的操作。图❷借助蒙版将图形两端去掉即可。色值：d5d5d5不属于白色。另外渐变工具下面的对称渐变可以通过透明的方式用在图❶中间或其他段的操作中。

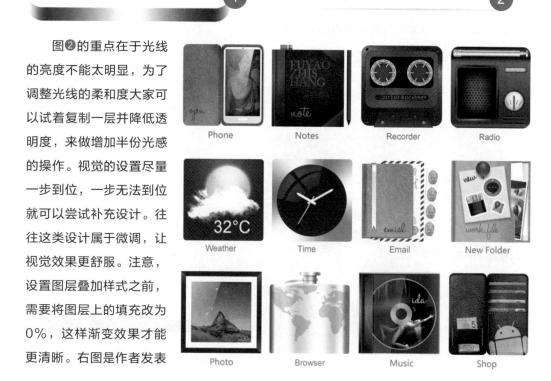

图❷的重点在于光线的亮度不能太明显，为了调整光线的柔和度大家可以试着复制一层并降低透明度，来做增加半份光感的操作。视觉的设置尽量一步到位，一步无法到位就可以尝试补充设计。往往这类设计属于微调，让视觉效果更舒服。注意，设置图层叠加样式之前，需要将图层上的填充改为0%，这样渐变效果才能更清晰。右图是作者发表

Phone　　Notes　　Recorder　　Radio

Weather　　Time　　Email　　New Folder

Photo　　Browser　　Music　　Shop

的作品，大家一起来交流吧。

本案例通过对"重"拟物图标的演示，想传达一种设计语言，拟物设计是一种对现实世界的高视觉追求。将现实事物烦琐的、梦幻的、美好的一切通过特定的形增加修饰，将质感、色彩、光影等手段不断附加在上面，最终提炼出梦幻、虚拟的世界。任何一种设计风格都会随着设计趋势的发展不断发生变化，设计者一定要有迅速转化的能力。除了在生活中细致观察，设计中不断探索，更要坚持不懈地学习。UI设计是年轻的行业，设计服务于用户，同时又要不断成为用户的引导者。

能力不够那就多练习，软件不熟悉那就多临摹，从学习中提升开阔的思维，从练习中熟练设计的执行力，从设计中发现拟物化与扁平化的差别，将拟物化的风格设计带入更多设计领域。

06-03
风格偏向设计

6.3.1 晶白风格（PS）

当你还沉浸在"重"拟物设计的浑厚气场中时，在接下来的几段案例中我们要180度大转弯，来聊聊图标中的风格偏向设计，希望能给大家带来一些新鲜的设计灵感和思路。

在很多设计风格中，晶白风格是一种色彩偏向为例的小众风格。关于"白"，无论是书法中的非黑即白，还是写意画中的画"白"，都是对"白"这个字的独有描述，"白"不仅是颜色更是空间。在UI设计中说到白色不得不说到苹果公司的白雪设计语言，在很多设计师心中，白雪设计是苹果公司设计的巅峰期，也是其设计的黄金时期。当年乔布斯就是靠着这款iMac把苹果从破产边缘拉回来的，这款电脑设计，采用了透明的设计视觉，是苹果白雪设计语言中典型的代表作。如下图所示。

图片源自互联网

整个白雪语言不只是在硬件ID设计，在苹果一系列软件里面也大量运用到，比如垃圾桶图标，白色的设计，细节让人过目难忘。

纯白里的设计感似乎很多人并不陌生，一个看似时间停滞的空间，没有温度，没有情绪，只留下戛然而止的凝滞，这似乎就是摄影师镜头里的纯白。当然这种风格我们会在空间设计，或者北欧风格的各色装饰中窥见一二。如下图所示。

那么晶白风格到底是什么？简单来说，晶白就是在白色质感下，通过一些透明度变化、投影、外发光等设计，让整体更富有层次感！晶白不一定是纯白，因为它的细节变化，在不同场景中会呈现出不一样的设计细节！如下图所示。

不难看出晶白设计是将白色应用在主体图形中。"白"中添加浅淡的环境色，让原本无色的平面物体有了立体的变化，同时靠环境的衬托，让画面更加清爽剔透。用来形容儿童肌肤粉嫩至极，现在UI设计中的图标、图形、界面都可以模仿这类设计风格进行创作。我们可以把"白"理解成白色质感，相对于扁平的纯白色图形，这种晶白质感更有细节，层次更加丰富，同时白色的质感很好地和背景融为一体，是一种非常高级的表现手法。"白"的设计还出现在线、面图标形式和LOGO设计中以及网站背景或插图设计中。

　　下图这组Google图形设计，"白"在画面中的高冷气质是蓝色赋予的。在服装设计中，常常提到款式和面料，晶白就是面料，渐变就是款式，二者相互接纳自然产生无限的变化。所以"白"是一个非常宏观的字眼，如果"白"的理念换成"蓝""绿""紫"也都会产生变化，创意岂不更加宽阔。注意：晶白效果不是纯粹的白，是一种有颜色的白，色彩中相对的白，如果这个概念被非常精准地描述可能会限制住设计者的手脚，因此晶白风格是一种概念。下面我们以"小盒子"为例给大家演示设计效果。如下图所示。

1. 整体设计

第1步：先做出图形中的深色底部，在PS中选择矩形工具设置宽×高为 816像素×558像素，导角：90像素，颜色：#484848。

第2步：画出盒子的外轮廓，选择矩形工具，设置宽×高为778像素×544像素，导角：80像素，颜色：#ffffff，接下来添加斜面和浮雕图层样式，基础设置如下图所示，这里我要说明在光泽等高线选项中的图形一般是默认值，所以在本图中需要运用曲线进行修改，单击自定义小方框，三个点从左至右的设置分别是：输入0，输出70；输入50，输出0；输入100，输出70，单击确定按钮，高光模式色值：ffffff，阴影模式色值：c2c8d0浮雕效果。下面选斜面和浮雕下的等高线选项，可以调整形体边缘过渡。如下图所示。

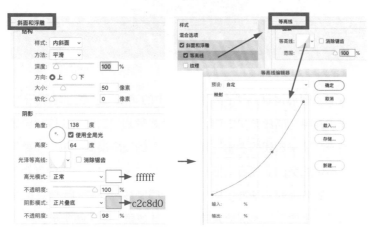

斜面和浮雕 / 等高线设置

内发光的设置主要是增加噪点来让画面看起来有些小质感，当然增加噪点效果是近年来Dribbble比较流行的视觉效果，当然PS样式中的杂色与滤镜中的杂色视觉效果是有区别的。图层样式中杂色属于简化版，一般复杂的设计我不建议使用这一操作，因为图层修改起来很麻烦。如果是复杂的图形建议整体完成后再进行滤镜—杂色操作。设置如下左图，杂点色值：f2f8ff。外发光为了跟深灰色背景有些投影做区分，在图形缩小的情况下产生立体效果，具体设置如下所示，外发光色值：000000。

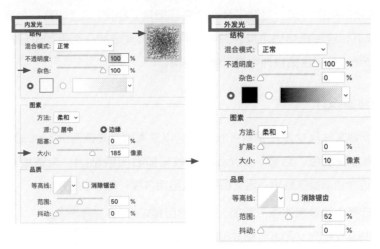

内发光 / 外发光设置

第3步：设计一个像磁带的装饰窗口，用矩形工具创建一个270像素×84像素，导角：20像素的图形，图形在背景图中偏上的位置显示。本图层样式需要两个描边设计，下图❶描边渐变设置：色值e8ebef位置0，色值ffffff位置52，色值e9ebef位置100。下图❷描边渐变设置：色值d3d3d3位置0，色值ffffff位置100。2层描边可以通过上下的宽度不同表现出物体的外部边缘变化，是Adobe软件进入到2018版本之后的新功能，操作简便，一个图层就可以搞定多种效果。内发光设置就很简单了，选择色值：000000，大小10像素，其他都为默认设置即可。

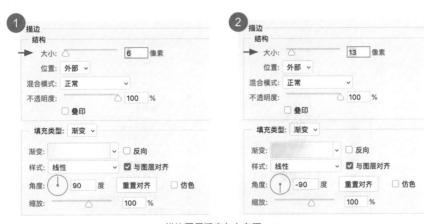

描边图层顺序左上右下

下面对图形内部模仿空磁带效果进行设计，首先使用椭圆工具建立直径300像素的圆和一个直径120像素的圆（色值：333333），与大圆居中对齐，在蒙版中居右的位置。为了体现空磁带的视觉效果，需要设计一个循环图案，模仿PS透明背景像素的样子。很多人会直接截屏，这种操作也可以，只不过希望让大家增加一个手动设计循环背景的机会，毕竟在Web设计和主图设计中可以经常使用。

2. 循环背景设计

第1步：新建文件尺寸为16像素×16像素，以像素的方式画两个8×8的方块，左侧方块白色，右侧方块灰色，色值：cccccc。效果如右图所示▢，全选图片（快捷键：Com+A）—选择顶部菜单编辑—定义图案设置图案名称，单击确定按钮。

第2步：选择300像素的圆形图层，增加图层样式为图案叠加，选择新建的定义图案，缩放80%，因为颜色过亮，所以调整透明度为40%。效果如右图所示。

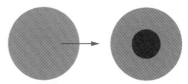

第3步：下图❶是窗口阴影，图❷是1像素反光，大家可以尝试自己设计操作，并把循环背景组合起来。

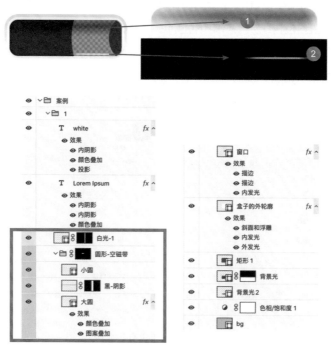

案例完整图层展示

第4步：添加字体：Lorem Ipsum，字形：Anton，选择图层样式：颜色叠加，色值：f2f5fc，内投影图层设置色值：ffffff，角度：-90度，距离：3。外投影图层设置色值：b3b3b3，不透明度：46%，角度：90度，距离：3。添加字体：White，字形：Cantata One，颜色：f2f5fc。两种字体字形完全不同，所以内投影效果不能完全适用于White字体，需要增加投影，色值：000000，角度：90度，距离：3。内阴影色值：b6b6b7，不透明度：46%，距离：3。注意：设计练习可以尝试任何字体，如果字体商用就需要注意版权问题。

第5步：给物体整体增加背景光，使用矩形工具新建774像素×351像素图形，将实时形状属性切换到蒙版，羽化：38像素。图层类型为叠加，透明度：80%，这样这个图形就变成了融入背景的阴影，位置X：584.5 Y：597。下面创建盒子底部圆形投影，选择椭圆工具新建宽735像素高120像素的图形，位置X：592 Y：835，切换到蒙版，羽化：44像素，图层属性为正片叠加，不透明度：80%。如下图所示。

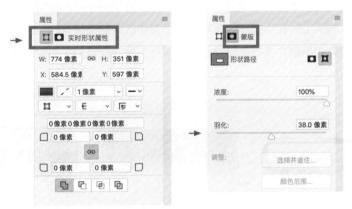

实时形状属性与蒙板面板

第6步：背景设置底色为00ebb0，如果觉得颜色不喜欢可以通过色相/饱和度界面进行调整。大家参考我的色相/饱和度设置色相：-144，饱和度：+12，明度：+25，也可以自己尝试该面板进行调整设计。下图为调色和改造效果。

任何图标设计都像一个单品，成套设计才会将设计风格落地开花，其实这个像录音机款式的盒子只是一个设计的敲门砖，操作简单，只要控制好固有色和环境色的协调就好。设计的过程告诉我们这个世界只要有光，哪怕是一点点的光都可以塑造整个世界，所以UI视觉用"白"就能设计整片森林，另外本节以精白为题，实际还是在讲解轻拟物的范畴。2019年魅族Flyme8全线回归拟物化设计，之所以有这样的决定并不是说明扁平风已经不再是主导，相比目前多数的扁平风格，轻拟物风格的质感体现不会降低手机端界面的浏览感受，反而更能提升视觉的舒适度。善于利用风格的人往往能将项目中的平淡无奇演绎得熠熠生辉。

6.3.2　水晶风格（PS）

基于上一节的设计思路，图形的质感是设计者着重突破之处。毕竟可塑的物体很多，又不能太过厚重，适当拿捏图形的质地可轻可重，还要有不断创新的意识。水晶图标，一个很早之前就出现在网页上的视觉前辈，是早在还没有移动端的时候就产生的主流设计，如今仍然以一种轻透的方式保留在人们的设计视野中。作为对比让我们先简单回忆一下早期水晶图标效果，如下图所示。

作品源自互联网

在没有移动端的年代，水晶风格的产品设计在网络上异军突起。无论是网站风格的按钮还是页面，以及导航等图形设计都深深渗透着一股水灵灵的清透质感。当水晶风格如雨后春笋般悄无声息地到来时，行业性的颠覆又在悄无声息地迈进，水晶风格不断地繁衍生息幻化出移动端的样貌。无论是商业网站、门户网站、游戏网站，水晶风格都会让人眼前一亮，之后的发展随着视觉的高要求和网络速度的提升，移动端的轻量化让水晶风格再一次飞升。如下图所示。

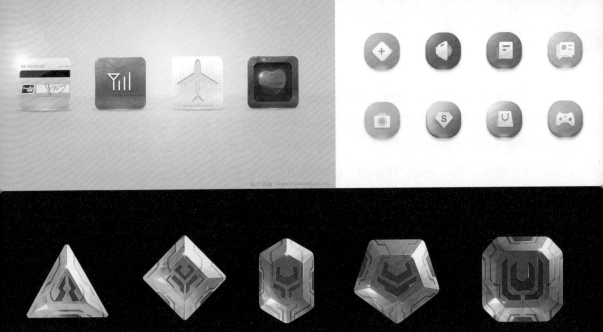

那么所谓水晶图标，拆字理解就是水的剔透，晶莹光泽，水无色，本体透明，但是在光的折射下会非常通透。设计是将物体从线面塑造成体积，再将其融入有光源的环境中。本节以糖果为例演示效果。如下图所示。

2019 0519
Sugar beans design.

第1步：打开PS软件，选择矩形工具，填充背景色为fef7e8。

第2步：选择椭圆工具，在画布中心画直径为960像素的正圆，填充色值为ffbc69，双击图层样式勾选渐变叠加，设置渐变色：位置：0%，色值：ffebac；位置：100%，色值：ffdd9c。接下来勾选投影，投影色值：decdb6，投影设置如下图。

第3步：在底图上方增加4个波浪形的图层并添加渐变，选择钢笔工具，在图形中从上至下绘制4个曲线形状的图形，弧线部位必须美丽，另外有渐变的加入形状之间的距离需要略微考虑。完成后图形最后靠蒙版统一整理节省时间。效果组合如下图，色值分别为：

- 位置：0%，色值：ffdba3。位置：100%，色值：ffb4b5。角度：−54度。
- 位置：0%，色值：ffd181。位置：100%，色值：ffa9b3。角度：45度。
- 位置：13%，色值：ff997a。位置：78%，色值：ff5480。位置：88%，色值：ff6395。位置：97%，色值：ffa2c0。角度：14度。
- 位置：0%，色值：ffa2c1。位置：100%，色值：ff6189。角度：0。

第4步：将底部完整的圆形复制到最上层，给物体增加整体光感，在选择图层样式之前需要将图层面板（填充：100%）设置为0，这样在图层中的渐变才能透在图形上，设置如下图所示。渐变色值为：

位置：0%，色值：ffbc69。位置：66%，色值：ffbc69。位置：66%，透明度：0。

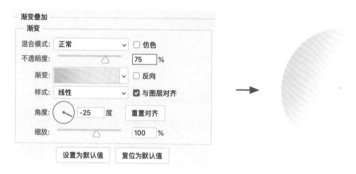

第5步：跟第4步开始一样，复制一个背景圆在最上层，将图层的填充设置为0。这个图层目的是给整体增加内投影。先勾选（内发光），设置如下，内发光色值：15100b，混合模式：柔光，不透明度：70%，大小：30像素，选择边缘，单击确定按钮。下一步勾选内阴影色值：ab763e，不透明度：40%，角度：73度，距离：30像素，大小：20像素。如下图所示。

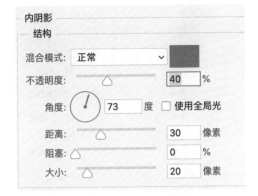

第6步：在最上层增加一个正圆，利用椭圆工具画一个直径888像素的圆，小于背景圆，目的给这个图形整体增加折射光。圆形色值：ffda97，属性面板选择蒙版，羽化：9.7像素，图层整体选择叠加，设置如下图所示，图层增加了渐变蒙版，目的是让光源来自右上。

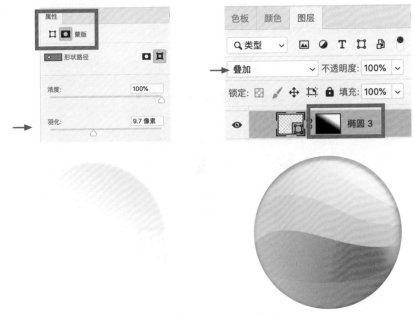

左图未增加叠加，右图增加叠加

第7步：增加高光，在最上层增加一个直径为927像素的圆。将图层填充设置为0%。选择图层勾选内阴影，色值为：b0caff。其他设置如下图。注意等高线的选择很重要。如下图所示。

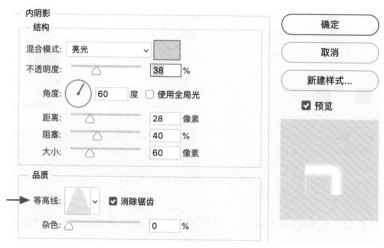

内阴影设置

此设置是整体增加一个白色光环，让光环产生深浅变化。首先在图层面板底部选创建新组，将图层拖入文件夹内。在文件夹图层增加蒙版，同时增加渐变，让光源倾斜方向自然。同时图层类型选择穿透，设置效果如下图所示。

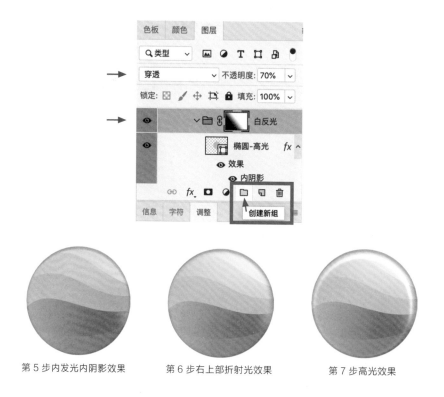

第5步内发光内阴影效果　　　　第6步右上部折射光效果　　　　第7步高光效果

　　这个案例整个逻辑就是色彩的衔接呼应，操作多以软件的混合模式和等高线成就强光视觉。设计必须整体调整，任何复杂的设计都是每一个程序的量化，例如本案例的设计顺序是个体到整体的反复过程。其次注意人眼所见的高光，除了白光之外比白光更亮的光基本都是叠加产生的效果。投影可以最后加，毕竟这些操作都很简单。

本段最重要的知识点针对第7步，当图层与图层样式的设计效果发生冲突，就将带有图层样式的图层放入文件夹中，再针对文件夹增加蒙版就不会有任何问题了。

3

PART

字体设计

第 7 章

插画风的UI周边设计

字体艺术

中国文化，是以华夏文明为基础，充分整合全国各地域和各民族文化要素而形成的。当然中国文化之所以历史悠久与中国汉字的记载密不可分。同时中国文明也是最独特的，世界上所有的国家中，只有中国的文化始终没有间断过地传承下来，汉字是世界上唯一从古代一直演变过来没有间断过的文字形式。

大约是在公元前14世纪，殷商后期的"甲骨文"被认为是"汉字"的第一种形式。直至今天，各种字体纷纷诞生，综艺体、仿宋体、浮云体、变体等艺术字体，这是祖国文化繁荣的具体表现，也是汉字发展的必然结果。

如今数字艺术的发展带动了艺术字体的提升。在电脑、手机普及的今天，手机应用、拍照设备与现代科技的密切接触与融合，通过把字体放大、缩小、拉长、压扁、变斜、扶正、有粗有细，立体字、投影字、金属字、木纹字、水晶字、火焰字、背景图片浮雕字、流光、鼠绘等，千姿百态，应有尽有。字体设计是一门视觉艺术，有别于图形，毕竟字体受整体外形的限制，没有固有形就很难表达一个字。所以字体设计是对字意与固有形的创造，将字体图形化和图形字体化是艺术字设计中的不变法则。

本节我们通过案例，来理解软件的一些使用方法，因为方法的掌握能为设计打开更宽阔的翅膀，希望大家从配色、构图、创作思路中学到技巧，并能够更好地驾驭技能，为创意服务。

7.1.1　英文字体中的混合

UI设计本身会产生诸多有趣的风格，风格的演变过程是融合再衍生。字体设计就有如单个细胞不断地发展不断地变异，带着人性的光辉形成新风格。因此字体设计可以从两方面考虑：其一，会"意"，从识别度角度出发提炼、概括，让字本身更富联想，意义更加宽广厚重。其二，"图形化"，早前有些设计者在设计过程中翻找大量的设计思路，灵感来源并不是同行业或者同主题，最终围绕"字形"的变化形成新设计。有趣的是无论是汉字还是英文都可以看作符号或图形，一旦符号变形，人们可以通过整体或者局部的某些相似点去判断，如果是无形，就需要名侦探柯南般的敏锐视角来破解字体的含义。

例如玛雅文明的文字虽然很具象，但因为对这些符号保留下来的解读太有限，以至于至今仍然无法解读当时那段历史的全貌。图形化是让字体穿上彩色的外衣，会意是让字体设计更有内涵，发挥创意字体设计的自由度，也更容易产生创造力。其实无论是字体设计还是UI设计，设计风格的人性化、实用形成流行文化才是设计的最高境界，也是专业设计者需要发力的方向。

如下页图所示，首先字体设计有很多神奇的变化。看不出门道的朋友可能会比较好奇这些设计的技巧。

7.1.2　英文字体混合实践（AI）

下面我们通过Illustrator软件来进行分析讲解。另外在英文字体设计中，混合工具是可以针对点、线、面的不同形式进行混合的工具，实用之处在于可以混搭出很多图形组合，起到装饰性作用的同时还有颜值担当。

1. 混合工具

为了让大家对软件有个理解，下图针对混合工具做一个简单示范。

第1步：如P228页图❶，在画板中画3个颜色不同的圆形，可以同时选择3个圆形，也可以两两选择进行混合。

第2步：打开Illustrator软件在左侧工具栏中找到混合工具 ，对选中的图形进行混合操作，图形会被串连起来如下图❷，从图形中你会发现两个颜色之间会产生过渡的颜色，为了让颜色更加密集可以继续双击混合工具弹出如下图❸混合选项面板，选择间距：指定的步数，步数最高到1000，让图形过渡地非常完美。指定的步数与指定的距离相比后者更细腻。注意越细腻越耗费内存，如果变化的图形复杂建议先使用较少步数，再分头组合即可。

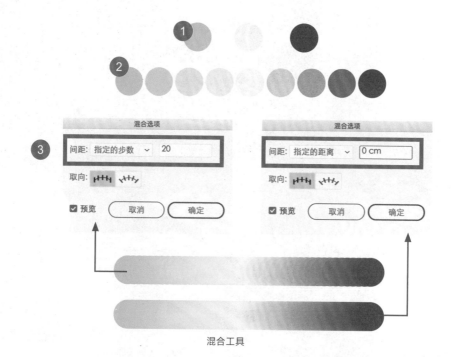

混合工具

混合工具可以将不规则图形、不同渐变图形、不同尺寸图形进行混合，当然这些混合是一种软件的运算，但是有些案例是不成功的，例如下图"OK"图为例，将图形进行偏移路径操作，让字形与原图外形扩大一周，这时候进行混合，会有问题。

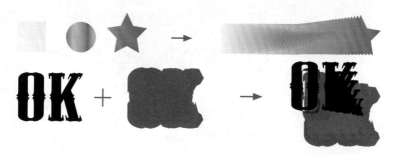

2. 手写字体设计

下面通过具体案例，让大家可以更深入了解。如下图所示。

第1步：上图Smells是一组手写字体设计，在设计这类手写字体时手绘板的操作自然会更自如一些，另外手写字无论是汉字还是英文都会有连带，这些连带的部分不知道怎么完成，建议大家可以去字体网站或电脑库中找类似的花体英文进行参考。选择画笔工具（B），在画布中随意画出Smells的线条。画的过程中可以利用默认画笔完成操作再来修改，画笔属性为：基本，再对每一个线条进行混合操作。注意手绘字形多少会决定最终效果，所以尽量饱满不要太密集。

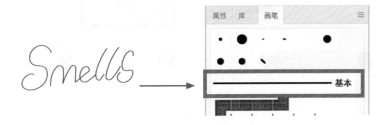

第2步：整个字体需要2个线性渐变色值和1个背景渐变色值，色值如下。

● 字体色·位置：8%，色值：f9f4f1；位置：90%，色值：ffffff。

● 字体色·位置：0%，色值：daeff9；位置：100%，色值：f9dde2。

● 背景色·位置：0%，色值：b5d5f0；位置：50%，色值：d4d0e3；位置：100%，色值：efbfcb。

第3步：将两个渐变圆形选中，点选混合工具。混合工具除了工具栏有，还可以在菜单栏中选择对象—混合即可查看更多功能，如下图所示，将混合好的图形与手绘线条s进行替换混合轴操作，仍然是同时选中混合图形和s线条点选替换混合轴。如果线条不够完美可以在替换混合轴之后继续通过钢笔工具进行调整。

第4步：混合工具的图形通过增加替换混合轴能让图形按照线的轨迹延伸，要想体现立体感需要靠起点图形的渐变颜色和形式来增加。下图❶是两头一边宽的圆点组成。图❷用快捷键A点选一端的起始图形放大2~3倍尺寸，这样看图形产生了立体感的同时还产生了纵深感。图❸、图❹是通过反向混合轴和反向堆叠让线的起点有前后的区分。

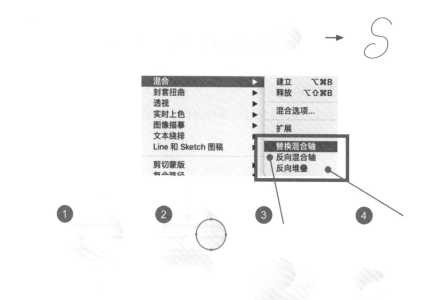

第5步：将线条和图形全部替换混合轴，并进行间距排列组合。Smells字体设计颜色比较浅，需要调整背景色增加反差。另外混合选项中案例选择的是间距—指定的距离：0cm，这样密度非常高，分段效果不明显。下图中分别举例，图形越密集，色泽越饱满，立体感越强，设计者可以通过图形效果找到答案。

sea：指定的步数与指定距离对比

单色混合

渐变色混合

单色 / 渐变色 替换混合轴

通过案例演示，很多人会认为混合工具更适合字体，建议大家不要局限自己的想象力。我们都知道AI是一款矢量软件，它运算能力非常强大，所以混合工具才能将单个图形靠线条连贯起来组成字体，还能设计场景，设计图案。小伙伴们一定要打开自己的创造之门，驾驭软件的同时在使用中获得更多丰富的灵感。

3. 继续延伸

当然混合工具的操作只是设计中的一小步，下面的案例我们再延伸下设计思路。

第1步：画出7个相同纯色圆形，将纯色按顺序混合到4个圆形上，产生4个渐变图形如下图。

- 7个纯色圆形色值为：纯色橘色f3712c；黄色ffcf00；浅绿94c93d；翠绿5bba47；天蓝00bae7；湖蓝2966b1；玫瑰d74e9c。
- 渐变色1·位置：0%，色值：ffcf00；位置：50%，色值：ffcf00；位置：100%，色值：94c93d。
- 渐变色2·位置：0%，色值：f3712c；位置：45%，色值：94c93d；位置：83%，色值：5bba47；位置：100%，色值：2966b1。

- 渐变色3·位置：0%，色值：5bba47；位置：50%，色值：2966b1；位置：100%，色值：d74e9c。

- 渐变色4·位置：0%，色值：ffcf00；位置：50%，色值：5bba47；位置：75%，色值2966b1；位置：83%，色值：00bae7；位置：100%，色值：d74e9c。

细心的朋友会发现，色彩的设置是通过单色相互组合形成渐变效果，所以这7种颜色大家可以尝试打乱再组合，或者改变饱和度、纯度等。如下图所示。

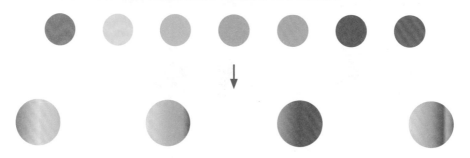

第2步：选择混合工具，将4组圆形渐变从左至右的顺序依次连接（1连2，2连3，3连4），指定步数设置为100（系统内存跟得上可以直接设置更多步数）。

第3步：准备一条路径，可以通过手绘板或钢笔工具边画边调整。将渐变图形和线条选中，从顶部菜单中选择对象—混合—替换混合轴。替换之后这一路径中有4个圆形，可以单独选中任何一个进行旋转，这是为了可视图形的角度更自然。大家在设计手写字体线条时，颜色固然重要，字形的粗犷或纤细也会产生不同的视觉效果。

替换混合轴之后改变节点角度

第4步：选中混合图形，在顶层菜单中选择效果—扭曲和变换—粗糙化。这是用AI快速设计制作出一款毛茸字体效果！操作简单易学，最终完成效果很酷炫，灵活掌握此项字体设计技巧，可以运用到很多海报、大背景中，手绘功底好的小伙伴结合图形或画笔来使用更加事半功倍。

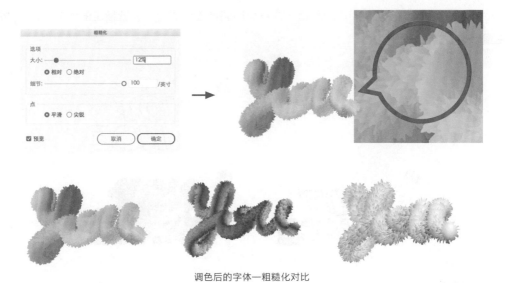

调色后的字体—粗糙化对比

4. 另一种混合

下面这组案例还是在混合工具状态下完成。

第1步：在画板中选择字体为方正超粗黑简体以"Hot dance"词为例，首先选择字体并给字体增加倾斜角度，顶部菜单选择对象—变换—倾斜，倾斜角度：12度，轴：水平，勾选预览看效果没问题后单击确定按钮。下一个操作，顶部菜单选择对象—扩展，将字体改成图形模式。注意字体一旦扩展内容将不能修改，所以建议各位扩展前复制一组保留，以便之后修改。

第2步：如下图所示，我们需要准备字体图形的4种状态。图❶描边：1磅，色值：ffffff。图❷描边：1pt，色值：ffb717。图❸设置一个图形背景色，色值：f6a91c，2层描边色值：ffb717，将两个描边图形错开位置利用混合工具混合，设置指定的步数：20，放在背景色之上。

图❹仍然利用混合工具将两个不同颜色字体倾斜混合，色值分别为e41d26、821e22，指定的步数设置为：9~100（效果从粗到细看自己喜欢）。素材准备就绪，可以配合星形工具组合效果如下。

这个案例告诉大家混合工具除了高密度的视觉，还有低密度的效果。案例中将面和线倾斜结合也是强化视觉的方式，多去变换思维视觉才会越发丰富。

5."线"与混合

接下来的案例将抛开"面"，利用"线"与混合工具结合进行创作。案例中将使用到一些效果和图形设计思维，案例以字母"SOS"为例。

第1步：首先确定操作界面，打开顶部菜单窗口—工作区—传统基本功能。

第2步：选择矩形工具，画一个尺寸为200像素×400像素的长方形线框，作为辅助线并（Com+2）锁定在屏幕上。如下图❶所示，在长方形中画两个相等的圆形相连摆放。图❷将圆形删剪掉两个彩色部分线条，一个"S"形出现。图❸重叠在一起的两个图形的交点需要连起来，通过直接选择工具 ▷ 框选图形，在属性面板找到锚点一连接所选终点，线条连接完成。注意毕竟是两个锚点的连接所以连接后两个锚点的数量不会变，可以拖曳一下将多余的锚点删掉，如果不妨碍图形效果就不必删减。图❹的图形组合大家仅供参考。

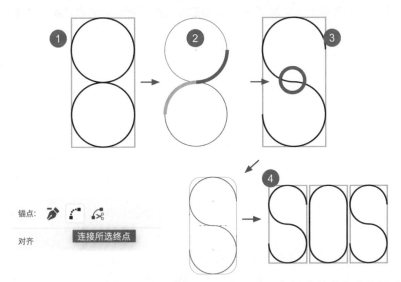

第3步：将字母"SOS"混合如下图❶。接下来设计一条匀称的曲线作为混合轴，轨迹如下图❷。首先选择钢笔工具或直线工具画一条直线，选择顶部菜单效果一扭曲和变换一波浪效果设置如下。曲线完成后并没有结束，需要将曲线变成一条可编辑的线，选择对象一扩展外观完成。有了图❶和图❷就可以替换混合轴了。

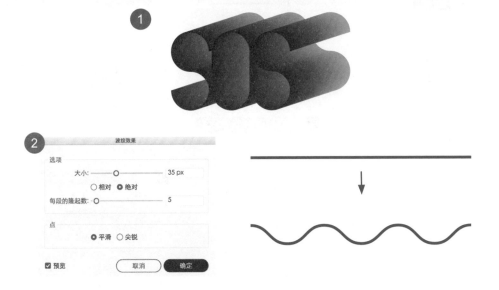

看到下图❶的效果，大家是否想到货币上的印花背景呢？图❶设置主要将线的模式改成虚线，利用虚线的间断数值和粗细变化产生意想不到的效果，如果你的电脑内存够大，还可以尝试增加外发光或其他效果会更有意思。下图❷是利用线条渐变形成流光溢彩的感觉。图❶和图❸大家会发现在最上层增加了一层SOS白色或加深层，目的是让字体清晰。

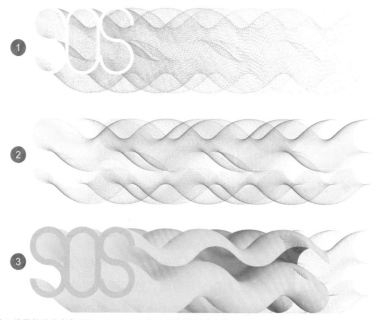

图 1 设置数值参考如下 ｜ 图 2 设置数值参考如下 ｜ 图 3 设置数值参考如下

969dcc

描边 0.5 p ∨

粗细：0.5 pt ∨

端点：

边角： 限制：10 x

对齐描边：

☑ 虚线

0pt 0.08 0.02 0.08 0.02 0.08
虚线 间隙 虚线 间隙 虚线 间隙

efdb94

粗细： 0.25 pt ∨

端点：

边角： 限制：10 x

对齐描边：

☑ 虚线

1pt 4pt 1pt 4pt 1pt 4pt
虚线 间隙 虚线 间隙 虚线 间隙

1pt ——————
0.01pt ——————

1
- 位置8%，色值d2315f
- 位置15%，色值572f80
- 位置60%，色值3abae9
- 位置100%，色值f8da73

2
- 位置0%，色值45c6e9
- 位置50%，色值365caa
- 位置100%，色值9b5ea6

3
- 位置0%，色值d2315f
- 位置15%，色值992f6f
- 位置60%，色值573181
- 位置85%，色值44bbe6
- 位置100%，色值f5deb4

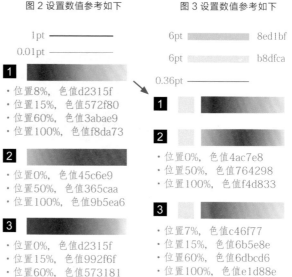

6pt ▰▰▰ 8ed1bf
6pt ▰▰▰ b8dfca
0.36pt

1

2
- 位置0%，色值4ac7e8
- 位置50%，色值764298
- 位置100%，色值f4d833

3
- 位置7%，色值c46f77
- 位置15%，色值6b5e8e
- 位置60%，色值6dbcd6
- 位置100%，色值e1d88e

在复杂图形混合和不规则图形混合的过程中，会出现一些意外，例如混合的线条并不能顺畅连接两端，尽量保证混合图形的锚点对称或无叠加。遇到问题多去找办法解决，这样之后再遇到这类软件问题，就知道如何更好地避免。从上面3组混合操作，除了对软件的特性作个发散外，希望大家将学到的技能多去尝试运用到新的图形中去，不要仅仅用在单一的字体上思维保守。当你对手写字体、变形字体或是字体组合有了了解之后，参考更多形式的字体设计将对你的创意思维有很大帮助。以上案例只是抛砖引玉，通过视觉的无限变化和设计材质的混合搭配，让字体图形化的过程变得容易。UI设计是个对设计者要求全面的职业，请继续丰满自己的战斗力，勇往直前吧！

手写字浅谈

　　手写字大家并不陌生（如下图所示），我看过有些同学的手写字或者书法还是很漂亮的，那么软件设计手写字需要哪些方面的准备，一些模仿毛笔字的书写，真的是用毛笔写的吗？

　　手写字体设计在项目中不但能提升品牌风格，好的手写字就是一个符号，让用户加深印象，提高品牌的识别度。毕竟手写字书写的情感和字形的视觉冲击毫无疑问能吸引观者的眼球。当然最重要的是它的独一无二，没有人能写出第二幅与其媲美的字。就像王羲之在书写《兰亭集序》时，据说本人在聚会之后回到家中书写时，当时酒未完全醉书写时并未意识到不妥，写完就醉得不行了，等到自己酒醒，看到自己写的那篇字觉得不错，于是又照着原文重新写了无数遍，但都没有初稿那样一挥而就的感觉。所以手写字是一种对意外之喜的热忱，如果平时大家有练习毛笔字的习惯，那甚好，坚持书写，多去临习古人留给我们的碑帖，才能将中国书法这一宝贵财富发扬光大。

作品源自互联网

7.2.1　毛笔字（PS+AI）

　　本段案例的逻辑是：需要PS里设计笔刷，回到AI里手写并组合，有必要的话再回到PS里做后期，关于AI手绘画笔设置我们在之前的场景插画中有非常详细的讲解，下面我们就直接进入主题。

　　手写字，顾名思义需要用到笔刷，在AI中利用模仿毛笔的笔刷书写或组合而成。有人会问为什么不在PS中直接书写呢？因为AI可以很方便地对书写线条进行修改。

　　在如何得到手写的笔画和书法字体参考，有以下几个建议。

　　（1）从"花瓣网"搜索"艺术笔刷/笔刷.PNG"会得到PNG格式文件，不用再进行抠图这么烦琐的操作。

　　（2）从书法作品中直接采集笔画或字形参考。

　　（3）从毛笔字体网站www.zhenhaotv.com中直接选取书法家的字体，利用字形和字体笔画进行修改。

笔刷 .png　　　　　　书法　　　　　　毛笔字生成网站

软件使用是为了简化流程提高效率，同时为关键设计留出更多宝贵时间打磨。下面以"武汉加油"四字为素材做几个不同方法的操作，供大家参考。

第1步：打开AI软件新建Web页面，尺寸1366像素×768像素，选择　字体工具，在画板中输入"武汉加油"字体大小200磅，选择"方正启体简体"，这一字体是模仿启功先生书法作品做出的，先生笔法核心以娴熟为特点。字体外形厚劲有力，不是很粗犷的线条。所以下面的操作才更有意思。

第2步：选中字体，选择顶部菜单对象—扩展，将字体打散。

第3步：选择画笔面板如下图❶，左下角画笔库菜单—艺术效果—画笔给字体描边0.5磅，如果你想要手写感强就适当将数值加大，或缩小字体来看效果，如下图。

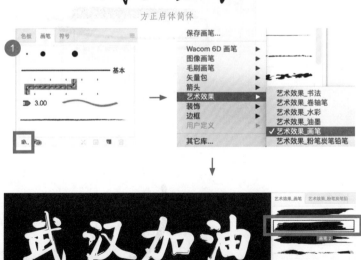

设置和最后效果

除了画笔描边，笔刷库中的笔刷都可以通过描边的方式增加字体的艺术边缘，这样的操作可以避免版权问题的困扰。下面根据现有字形做进一步修改。

第4步：在PS中打开网站搜索的（笔刷.PNG）图，选择套索工具 ♀,分别选出需要的图形。（Com+C）复制，（Com+V）粘贴到AI界面中，并遮挡住相对应笔画，如下图所示。原文字笔画被替换掉，将产生一个由你掌控字形的新字体，如果有些字体你很满意那到这就完成了。

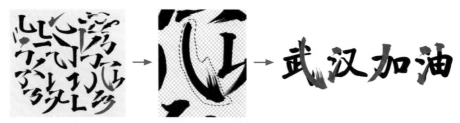

第5步：接下来我们将图形的属性变成AI笔刷进行更细致的编辑。首先将图形拖拽到"画笔面板"，（如果有提醒高分辨率，请在PS中将尺寸缩小即可）。具体步骤设置如下图。

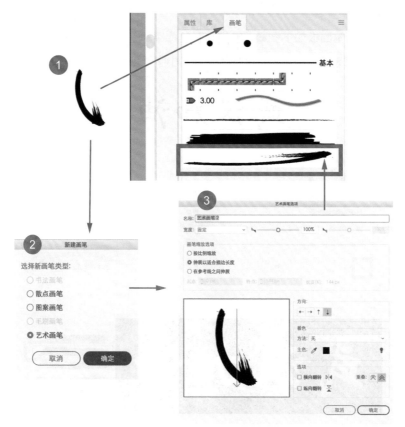

下面选择画笔工具，在画笔面板选择新创建笔刷，在画布空白处按住Shift键画一条直线，线条的长短决定笔刷具体形状，也可以直接在画布中画曲线，线条可以按A快捷键进行锚点编辑，锚点的多少也会影响笔画流程度，如果笔画导入得过大，笔画在缩小的过程中会产生丢失，总之多调整找到画笔特点很重要。下图为短、长、曲线状态下的笔画对比图。画笔的调整尽量在直线状态下，这能复原笔画原貌。

画笔替换笔画覆盖效果

第6步： 调整操作之前的设计是将位图转换成矢量图并进行再编辑。下面我们要将位图在PS文件状态下先进行调整。以"武"字斜钩的倾斜度为例，如下图，大家可以了解一个PS操作，下次遇到类似问题可以在粘贴前完成修改。回到PS软件，选择斜钩图层，选主菜单编辑—操控变形，如下图1所示，在图形上会出现网格，单击会形成书针一样的点对其进行调整，钉3~4个点，对图钉的点进行位置移动，就像一件衣服在设计之初需要反复修改缝合接口一样。最终斜钩的弧度符合字形即可。

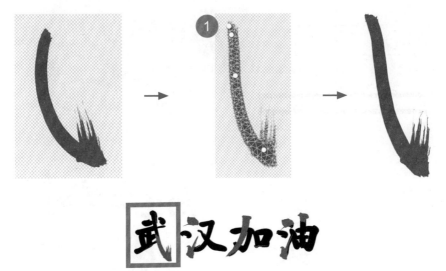

手写字是中国书法的一种传承，也是独一无二的文化。软件的调整无论是PS还是AI都需要对细节反复打磨，千锤百炼。所以多去看古人的书法作品才能在今天的设计中对字形有更多驾驭和发展的动力。如下图所示。

画笔画板的设置对使用的笔形和压力效果都非常重要，大家可以多尝试调整角度、大小和压力的设置会产生很多意想不到的笔形。另外色彩的填色和描边互相替换，快捷键为（Shift+X）。

7.2.2 Q版字体（AI）

这种字体主要以圆润可爱为主，其中包括字体库中Q版彩虹体、Q版糯米体、Q版奶油体等。Q版字体不用多，只要掌握一种风格就能横着走。

第1步：下图为手写字替换画笔类型后效果对比。

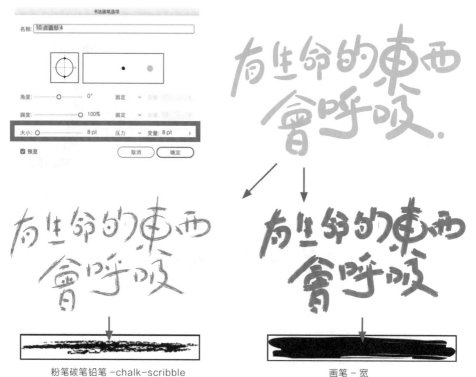

粉笔碳笔铅笔 –chalk-scribble　　　　　　画笔－宽

如下图画笔的角度设置，是模仿宽头马克笔效果，只要调整画笔的方向，就可以画出类似的效果，这类英文手写字形设计可以套用更多文案尽情发挥，所以学会设计画笔才是字体设计的关键。

第2步：利用手绘板，选择10点圆形或其他尺寸，画笔设置大小为10像素，需要选择压力，画笔多大压力就多大。（注意：软件中设置的笔刷压力必须配合手绘板使用，鼠标无感）。下面手写字的书写需要有粗细变化，例如被包围的部分可以适当细些，这样与外部形成对比让字形更灵活。

第3步：右图在原图形基础上再复制一层增加描边，选择属性面板描边：1.5磅，选择颜色面板色值：7bb6ce，前景色值：ffffff。增加描边是为了适应各种不同背景的需要随时调整。同时让不规则的字形通过背景粗犷线条的衬托整体统一，视觉感集中。

第4步：在上一组字的基础上，将下图❶背景描边增加粗细度，在白字上增加手画线条，Q版风格体现到极致，这类字形在儿童商品、食品等设计中非常常见。下图❷与图❶一样背景描边增加到5~6磅，让背景完全挤满，同时也是为了简化背景复杂的外形。前景虚线是将字体画笔属性从10点圆形换成基本线条，并在属性面板—描边—选择虚线设置。从下图❶与图❷大家可以参考图形粗细区别，不同线条也要多去改变属性才有更多变化。

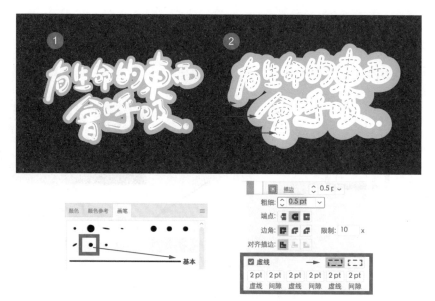

上图部分设置参考

以上操作还可以继续增加复杂的图层效果如下图，利用颜色阶梯效果有秩序组成立体感效果，另外注意最上层白色高光绘制要体现光源感，方向一致，不宜过多，点到即止。Q版字的设计从字形的变化到展示效果都有很多技巧可以发挥，这一段操作仅利用Illustrator软件完成。还可以将图形分层复制到Photoshop软件中进行组合样式设计。总之好的设计就是从起初的外形，到最终的视觉效果所有细节都不会错过，上面的演示抛开了细枝末节的讲解，因为也不需要一步一步讲，当你发现哪里做不下去了，你就学会开始找问题并解决问题，这样的操作是激发你尽快熟练软件的最好办法。

效果

7.2.3　3D字体设计（AI）

　　大家还记得Illustrator中的利用混合工具可以让图形通过堆叠模仿立体感吗？本节将区别于混合工具的设计方法，利用Illustrator软件中自带的3D功能来实现多种辅助效果，这一功能从视角上很占优势，毕竟不用重新学习新软件啦！老样子先看参考图。

pinterest.com

　　第1步：选择字体工具 **T**，以"DESIGN"为例。首先设置字体大小300磅，字形选粗圆简体作为练习字形，色值：ea5e25。选择顶视图文字一更改大小写一改成大写，基础设置完成。

　　第2步：选中字体，选择顶视图菜单效果—3D—凸出和斜角，弹出下拉菜单，菜单面板设置按下图❶~图❸操作。

- 下图❶位置选项内部有很多系统推荐视角，如果你没有特别理想的视角可以参考内部选项。图形中"蓝色块"是图形正面，周围角度是针对X、Y、Z轴进行调整，注意方块可以手动调整，红色边线为X轴，绿色边线为Y轴，离开方块在周围拖动方块是Z轴旋转。图1选项中如果想得到一个镜头感极强的视角不妨试试透视，角度越大变形越明显。

- 下图❷凸出与斜角凸出厚度：200磅，端点选择实心外观。斜角经典高度2磅，这是一个对图形边缘进行导角的设置，本图中不用太大。

● 下图❶设计字形，图❷设计字体边缘，图❸设计表面色彩。另外图❸界面一般是收起的，需要单击下方更多选项展开。首先球体会默认光源强度100%，环境光默认50%相当于遮挡一层半透明白色。如果你想看到物体本色光源，可以设置为0。

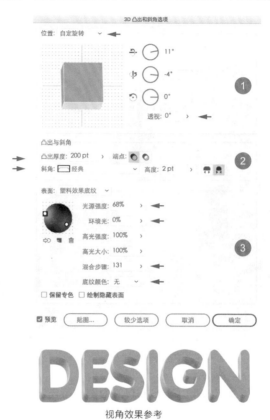

视角效果参考

如下图Ⓐ所示为光源操作界面，前景光源与背景光源是在同一点来回切换。右侧为新建光源、删除光源可以通过增加光源让物体更符合自然光。光源本身非常灵活，所以设置就需要多去调试，大家可以将图形或字体立体化之后，模仿环境光、自然光、人造光等光源。同时需要配合右侧参数选项进行调试。

前景光源，背景光源，新建光源，删除光源　　　　　　　底纹颜色选项

混合步骤是针对带弧形的物体圆角切面进行过渡细分，步数越大弧度越细腻。底纹颜色选项无图形没有环境色干扰。默认黑色，顾名思义黑珍珠。如果选择自定义颜色。一般从可修改角度考虑选择无，保留外部色值。以上为3D外形和光感的调整。

第3步：制作3D字体的投影，利用混合工具完成。

- 混合工具操作，将刚设计好的3D字体复制，选中状态在属性面板找到3D凸出和斜角，右侧的删除按钮，删除效果后再复制一层，右键将图层通过排列一置入底层，色值：e43b28。两个图形的位置摆放为45度倾斜视角。选择混合工具关联，指定步数：100，如下图所示。

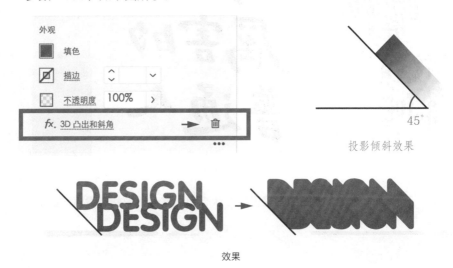

投影倾斜效果

效果

7.2.4　手写艺术字体（AI）

上一节讲解了书法字体手动调整的方法，这一节我们来真正利用手绘板和画笔工具完成个性手写字的设计。

下图中的作品有些字写得非常漂亮，有些很有特点，有些很随性。很多人会担心自己的字在纸面上书写不会这么好看或不会这么顺畅，那我想告诉大家的是，画画是一种技能，写字也是，只要你肯花些时间练习和钻研，这都不是难事。如果你对自己的字体书写实在是不够满意也没关系。下面我们利用软件操作来完成一组手写字设计，依靠电脑事半功倍。下面开始演示。

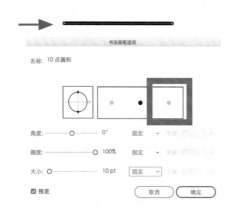

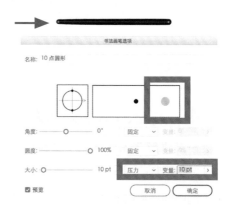

作品源自互联网

第1步：选择画笔工具，下图为画笔无压力状态和画笔有压力状态设置对比。

画笔无压力设置

画笔有压力设置

　　第2步：选择矩形工具画一个长方形，倾斜45度，色值：f26235。选择钢笔工具对外形进行修改并选中图形按右键一排列一置于底层，下图前2步为让大家看清楚，图形选择了透明。最后给图层增加渐变，渐变角度45度，色值设置为位置：0%，色值：f26235。位置：100%，色值：f26235，透明度：0%，如果觉得图形颜色略飘可以在属性面板选择外观，单击文字不透明度，弹出覆层，单击正常下拉菜单，选择正片叠底即可。

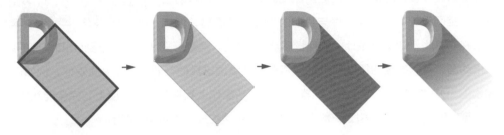

将图形混合效果和图形渐变效果进行填充单色背景，色值：d93e2b，对比效果各有千秋。如下图所示。

混合工具与渐变效果对比

设计不能因为麻烦就不去操作，很多设计都是多种方法交替使用最终效果绝佳。通过这节对3D字体设计的讲解你会发现Illustrator的3D视角还不赖，同时如下图案例，大家可以尝试去模仿视角或色彩撞色设计一组属于自己的3D字体作品。

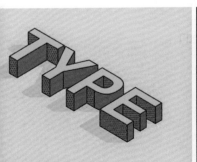

7.2.5 三维空间字体设计案例（AI）

现今的设计领域之间相互促进蔚然成风，在我们理解的三维设计、空间设计似乎这些软件与我们的行业毫无瓜葛，但如今看来并非如此，UI交互设计中的视觉展示利用AE，插画形式从扁平风格到C4D设计的扁平风格动画，可以确定的是UI行业的风格在不断渗透进其他行业。那么平面软件，例如PS和AI出的3D功能并不如专业的三维软件，但是从操作上和视觉呈现速度上，完全能驾驭起三维视觉二维化的理念。本段案例以透视视角来快速生成一组有趣的汉字。

第1步：选择AI软件，新建Web文件1920×1080px，设计一个"喜"字，通过矩形工具和椭圆工具如下图完成笔画的分解结构。色值：db1a21。

- 矩形工具（宽×高）尺寸分别为1：280像素×60像素，2：60像素×160像素，3：420像素×60像素，4：60像素×140像素，5：60像素×100像素。

- 椭圆工具尺寸为6：外圆直径300像素，内圆直径180像素。选中两个图形找到对齐面板将对齐对象上下居中设置。选中状态单击右键选择建立复合路径形成镂空圆形。注意：下图1对齐选项面板内有3个选项，选对齐所选对象。

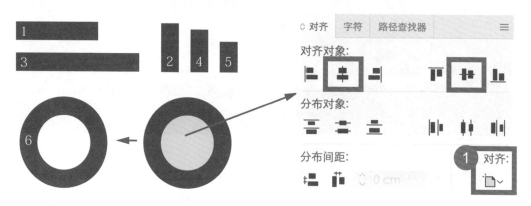

第2步：如下图❶所示，将图形导为圆角，按顺序组合字形，具体位置在最后组合时整体安排。

第3步：按照下图❷色彩组合给图形增加3D效果，具体设置如下。

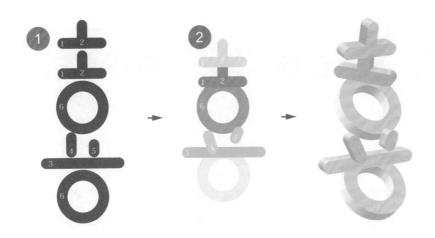

- 选择效果—3D—凸出和斜角，位置：自定旋转。X：−22，Y：−31，Z：4。透视：104度。凸出与斜角：凸出厚度50磅。端点：实心外观。斜角：无。

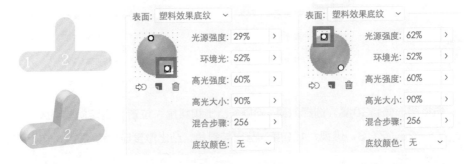

- 选择效果—3D—凸出和斜角，位置：自定旋转。X：−21，Y：17，Z：−10。透视：104度。凸出与斜角：凸出厚度50磅。端点：实心外观。斜角：无。

- 选择效果—3D—凸出和斜角，位置：自定旋转。X：28，Y：−28，Z：2。透视：125度。凸出与斜角：凸出厚度50磅。端点：实心外观。斜角：无。

- 选择效果—3D—凸出和斜角，位置：自定旋转。X：−18，Y：−26，Z：8。透视：150度。凸出与斜角：凸出厚度50磅。端点：实心外观。斜角：无。

- 先将图形倾斜30度，选择效果—3D—凸出和斜角，位置：自定旋转。X：−18，Y：−26，Z：8。透视：150度。凸出与斜角：凸出厚度50磅。端点：实心外观。斜角：无。

- 选择效果—3D—凸出和斜角，位置：离轴—前方。X：−18，Y：−26，Z：8。透视：118度。凸出与斜角：凸出厚度50磅。端点：实心外观。斜角：无。

● 选择效果—3D—凸出和斜角，位置：自定旋转。X：28，Y：-28，Z：2。透视：130度。凸出与斜角：凸出厚度50磅。端点：实心外观。斜角：无。

　　最后视觉效果如下图，组合过程大家可以根据喜好尝试改变前后叠压位置。也可以从最开始尝试改变外形，打破规则形状的束缚，会产生很多新奇效果。本节设置如果细心的朋友会发现环境光基本都在50%左右，这就决定我选择的红色为什么在字体中就变成了粉色系的缘故，如果环境光为"0"基本色会全部显露出来。另外混合步数默认25其实没任何问题。

　　另外下面的3组设计案例分别利用3D效果的不同设置完成。通过这组案例我们知道没有想不到只有做不到。当然软件终究有自己擅长的功能，术业有专攻，技术的驾驭还需要更好创意的大脑。

4 PART

插画设计在行业（案例）

第8章　电商类插画设计

电商插画灵感与设计

　　艺术是借助一些手段或媒介，塑造形象、营造氛围，来反映现实、寄托情感的一种文化。好的艺术往往具有美学价值或者哲学价值，但不一定具有大众层面的娱乐性。与科学相比，艺术离不开情感的表达。在中国古代主要指六艺以及术数方技等各种技能或特指经术。语出《后汉书·伏湛传》："永和元年，诏无忌与议郎黄景校定中书五经、诸子百家、藝术。"现代艺术包括文学、绘画、雕塑、音乐、舞蹈、戏剧、电影、服装设计、建筑设计等等。艺术是形象把握与理性把握的统一，艺术是情感体验与逻辑认知的统一，艺术是审美活动与意识形态的统一。美学中"艺术"是一个涵盖所有创造和审美相关形式的总称。插画是艺术设计中的溪流，是情感的补充也是灵感的创造者和艺术的推动者。下图是Emiliano Ponzi的作品。

灵感是一种瞬间产生、迸发而出的思维状态，能产生这种灵感状态的世界就是自然界。在插画师眼里，世界万物是一个超大素材库，取之不尽用之不竭，能从中吸取灵感，滋养设计者的生命。

对于插画设计师来说，在设计过程中有时冥思苦想不得其解，但受到外界一句话、一个情景、一个事物影响都可能使设计师的思维发生突变，跳出旧的框，创意性的灵感就应运而生了。灵感不受逻辑规则限制，甚至是以打破已有知识和违反常规为思维前提。设计工作者的思维意识在受激状态下，遇到外因的触发或思绪的牵动时，会在瞬间孕育出新观点、新视野、新方案，形成灵感的闪现。所以插画设计师的思维成果多具创造性。

插画设计工作者要注意记录突然爆发的灵感，因为灵感的产生是无意识的，具有不自觉性、突发性和瞬时性的特点。但捕捉灵感则是有意识的活动，所以当灵感突如其来时，如果不及时记录下来，它可能转瞬即逝，更谈不上后期的论证、整理、提高和检验，创意也就不可能实现。我国1990—1993年间进入电子数据交换时代，这也是中国电子商务的起步期。仅仅不到30年的发展历程，如今的电商行业可谓风起云涌，不断带动行业新业态，让更多产业为之助力。从互联网到移动端的发展是网络电商不断震裂的过程。在新时代中，电子类、科技类等文化产业带动人们思维方式和生活方式的改变，同时新视觉的形式也随之改变。

以往电商设计是靠产品图与文案之间的博弈吸引看客。例如产品图需要大量拍摄和修改，品牌方想做出新意自然考虑品质与创新，往往一个项目需要大量人力物力资源配合，完成周期长，自然出新慢。当然任何一个行业兴起不是无缘无故的，插画从幕后走向台前是从冷板凳到替补再到王牌的一系列转身，也预示了未来的强劲势头。

如今在UI设计中产品与插画，文案与插画结合的设计形式很常见。插画可以传达情感，表达内心，还能创造想象，带来价值。色彩帮助插画烘托气氛，文化带给插画故事性的画面，只要设计师掌控二者，在未来的设计之路中就能走得很稳。本章以下案例针对实际项目中的设计过程进行逐一讲解，希望大家能从设计中或虚拟项目中得到启发，了解项目中的设计过程。

下图是一组商业作品，版权归原作者所有。

商业作品版权归原作者所有

手绘风格——双十一购物节（AI+PS）

现在地球人都知道每年的11月11日，中国这一天就能销售过百亿、千亿的节日"双十一购物狂欢节"。源于淘宝商城（天猫）2009年11月11日举办的网络促销活动，当时参与的商家数量和促销力度有限，但营业额远超预想，于是11月11日成为各大电商平台纷纷举办大规模促销活动的固定日期。目前双十一已成为中国电子商务行业的年度盛事，不但影响着国际电子商务行业的发展，同时也不断刷新行业的高度。

双十一购物节，是国人创造出来的营商环境，是理智和富有远见的规划。毕竟这么大的购物节不是一个商家，而是全体行业的追随和效仿。各大品牌汇聚于此，变着花样地展示自家产品，开启走过路过不要错过的商业营销。例如：食品、医疗、家居、服饰、能源、服务、母婴、美妆、洗护、乐器、汽车、数码、科技、户外等。然而设计方向是分清产品门类，例如酸奶是食品，相机是数码产品等。分清门类的目的是让产品有更宽的设计思路。下面以某品牌的设计测试题为例，来边讲边操作。

1. 审题与提炼思路

● 题目：以"螺蛳粉"为主题做一个店铺双十一海报。

店铺名称（品牌）：（本段因为版权关系以假字代替）。

● 要求：

（1）页面尺寸1125×2436像素或更大，分辨率72DPI。

（2）可以根据你熟悉的风格来设计，大图中必须有如下信息。

● 主题文案"年中大促"或"双十一抢先购"都可以。

● "低至五折"或"满300减30"的促销文案。

● 头图主题凸显活动气氛，展现产品特点。

一般测试目的是为了测试设计师对品牌意识和审题思路的理解，很多无经验的面试者会因为各种各样的原因过不了这一关，例如能力不够导致的过分紧张，反复纠结设计思路而延误设计稿的完整度。设计表达跑题，不会抓产品重点，甚至还将产品的设计意图变窄，以及完全临摹别人的设计作品，视觉呈现看起来已过时。下面我们就来分析思路，重点从以下三步中找到设计思路，创作出命题。

第1步：分析品牌并筛选重要信息，螺蛳粉是食品，有些品牌的甲方会提供例如品牌定位，如果没有全年的品牌定位，那么大家就可以自由发挥。所谓品牌定位是指商品针对的受众人群，例如上班族、学生、家乡味以及小资生活自由旅行类人群等。另外还有些品牌会主打饮食文化，例如螺蛳粉产自柳州市，是广西著名小吃。螺蛳粉口味上具有辣、爽、鲜、酸、烫的独特风味。通过对产品的分析，更容易拓宽设计思路，将产品与故事、图案、色彩等环境更好地融合，也更容易产生设计亮点，提升品牌的价值。

第2步：分析要求，每个项目中都有对设计部分提出的明确需求。例如页面尺寸（是iPhoneX\iPhone6\iPhone5……或者是Android尺寸），页面形式（Web页面、H5页面、App页面、Banner广告、EDM海报等），以及文案说明。文案部分可以自身用户角度提出见解，更好地完善文案，适当地删减编排文案配合画面需求。

第3步：从参考中找到自己的设计方向。很多人喜欢刷图，特别是设计师利用碎片时间或各种时间为了开阔眼界，丰富大脑，设计前期会拼命刷图，设计后期会刷图为下一个项目囤图。或许这有些夸张，但经历过快速营销的同行们一定知道，一个商品无休止的活动，带给设计师的只有无尽的消耗，为了让自己从一张纸变成一本书，丰富自己的头脑和眼界只是其中一步，还有更重要的一步就是发挥自己大胆的想象力，将脑中的画面通过手真实地展示出来。

2. 形成设计思路

整理了品牌要点，提炼了品牌文案，剩下的就是设计，在这部分需要说明两类人群。第一类人群是完全胸有成竹，设计所需要的场景、配图、风格、色调基本没有太大问题。或者说这类设计师就是成手。第二类人群属菜鸟选手拿到这类设计可能会慌不择路，只能从设计类网站、专业视觉类网站搜索自己可掌控的风格来临摹，或者寻找符合条件的元素进行拼接。下面我以我设计的思路为例给大家分解案例，设计过程仅供参考。

设计思路说明：螺蛳粉是目前国内比较有特色的小吃，口味有特点，也属于饮食文化中广西比较有特点的食品。那么这个活动时间是双十一，基本离过年就不远了，画面红红火火的感觉在任何时间点都没太大问题。只需要将产品通过一些形式进行衬托，就基本完成一个产品的展示思路。画面中心以一碗手绘螺蛳粉为中心，周围围绕一只展翅高飞的凤凰做向上的牵引，让螺蛳粉既有中国风的视觉感，又能感受到从传统中穿越而来的新面貌，周围结合中国画中的高山云海自然衬托。这是最初的思路，在设计过程中，还需要对色调和图形进行反复修改，具体草稿如下图所示。

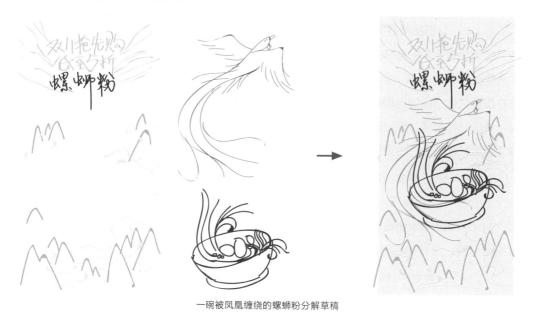

一碗被凤凰缠绕的螺蛳粉分解草稿

3. 制作

打开PS新建画布，按要求创建1125像素×2436像素，分辨率72。本节设计需要AI和PS两款软件的通力配合。下面根据AI的草稿，我们需要在AI中完成主要元素的绘制，在绘制过程中需要增加渐变或者阴影、投影、材质等效果的时候需要回到PS中进行整体合成工作，下面来逐一分解组件。

（1）一碗粉

绘制的过程此处略去一万字，给大家分享下AI所用到的工具，下图❶笔刷（B）默认的5点圆形和15点圆形都可以（需要利用手绘板，如果没有只能用钢笔工具了，不建议因为不顺手），因为需要画粉丝，粉丝过细不好控制，所以粗些增加描边即可。粉丝填充色值：fceec0，描边色值：5a1b1b。"粉丝"的设计直接用笔刷画出流畅的线条，再选择对象—扩展外观。将线条转换成面再加描边。如下图所示。

分解组件

上图中分为6个部分，上图❶中有红色的辣椒，例如红色的线条等，还有所谓的螺蛳，可能还有花生、枸杞等配料。画该类型插画，形似和神似都是可以的，我会选择神似，因为图形在手机上并不属于特写，只要画面足够整体即可。上图❷部分的绘制选择简化，主要用笔刷画出酸笋刀切的棱块，背景用整块色覆盖即可。上图❹碗虽然标注的是第4个，但实际设计中碗的设计是第一步，有了碗才好将食材围绕在碗的范围内进行安排设计。上图❸、图❺、图❻，不用多说工具除了笔刷就是椭圆形工具和钢笔工具，毕竟是不同的形，工具各有千秋。完成后如上图分解方式逐一复制到PS软件中组成一碗面。

（AI）中选择笔刷—画线条—按大于号加粗—扩展外观的线条变成面

这里如上图❺豆腐上的气泡是置入到PS中发现不舒服才又修改的。毕竟从AI复制到PS中的图形都选择智能对象，这样双击图层的缩略图就可以直接回到AI软件中继续修改，十分方便。另外利用手绘板选择笔刷画图能增加手绘的练习，也更能感受手绘的快乐。

画面需要不断地调整，从形体上包括粉丝的角度或周围陪衬的装饰，从色彩中首先有个整体色调，毕竟是食物，颜色整体有食欲即可，剩下的部分从PS中完成。如下图所示。

PS 上色前后对比

（2）一碗粉上色

回到PS中，选择常规画笔一柔边圆画笔，给粉丝以及碗里各个部分增加阴影的效果，基本就是底部和粉丝周边。色值：ffb266，图层类型选择正片叠底。如果颜色深，可以配合透明度调整深浅。下图为笔刷和图层蒙版的部分截图。

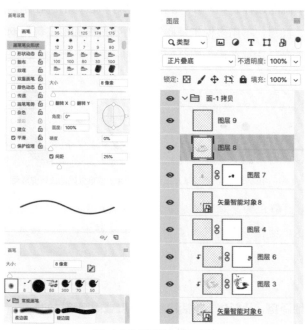

PS 中的笔刷面板和图层面板

（3）主体物凤凰绘制

有了上面粉丝的手绘，我想凤凰整体羽毛的绘制就变得更轻松了。如下图❶这部分的绘制是为了给整体毛发提亮，像画高光一样，整体不宜过乱，颜色不宜差异过大。其他部分的绘制我们可以理解成规则形和不规则形。下图❶、图❷翅膀属于规则形，只要先画好翅膀上部羽翼的外形，下部的羽毛顺势生长即可。下图❸、图❹头部、身体的绘制跟图❶、图❷思路一致，都是先有外形。所以下图❸的外形画完后再增加尾部和身体上部的羽毛，羽毛的叠压过程也是在完善外形的过程，让凤凰有翩翩起舞的感觉，更加生动形象。羽毛部分的设计有些图形是可以重复量化的，方法有例如镜像和适当调整角度，不需要所有的形都重新画。下面按步骤来设置色值。

下图❶：从上至下的顺序设置。

A：色值：d93248位置0%、色值：f3a288位置80%。

B：色值：d93248位置0%、色值：f3a288位置80%。

C：色值：d93248位置0%、色值：ea895e位置100%。

D：色值：d93248位置0%、色值：ea895e位置100%。

（AI）左翼翅膀分解效果

大家会发现翅膀的色值变化不大，可见只要简单调整图形大小就可以让相同色值的画面产生层次感，非常有趣。

下图❷：从上至下的顺序设置。

A：色值：d93248位置0%、色值：f3a288位置80%。

B：色值：d93248位置0%、色值：f3a288位置80%。

C：色值：d93248位置0%、色值：ea895e位置100%。

下图❸：从上至下的顺序设置。

A：色值：d93248位置0%、色值：f3a288位置88%、色值：e47e94位置98%。

B：色值：f6b962位置0%、色值：dc4250位置100%。

C：色值：d93248位置0%、色值：ea895e位置100%。

D：色值：d93248位置0%、色值：c0a589位置86%。

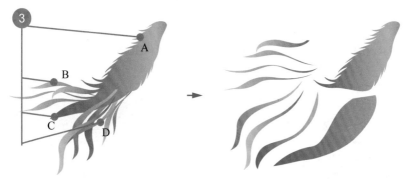

这部分开始设计凤凰的身体、外形加尾部的方向，这部分如C部分的色值是可以通过外形进行差异化设计，色值不需要太多变化，另外可以尝试镜像色调来做一些个别差异。

下图❹：从上至下，从左到右的顺序设置。

A：色值：d93248位置0%、色值：f3a288位置80%。

B：色值：d93248位置0%、色值：ea895e位置100%。

C：色值：d93248位置0%、色值：c0a589位置86%。描边凤眉。

D：色值：fad7a3位置0%、色值：f8dc89位置80%。描边凤眉，黄色代表提亮。

E：色值：蓝色深32a2d3，蓝色浅58c2de。

F：色值：嘴部同B。

G：色值：嘴部下方的冠色值同B。

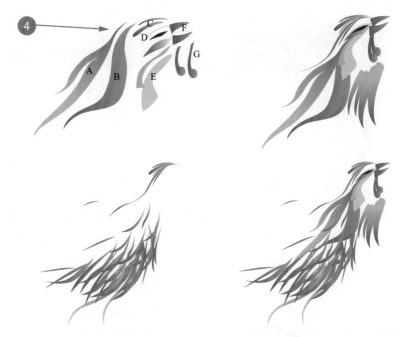

头部绘制一定要在图3外形基础上，不然调色和外形都会跑偏。上图做了两部分分解，第二部分是细羽毛的设计，还是老方法，一个基础形的量化。

下图❺：

A：色值：f6b962位置0%、色值：dc4250位置100%。

B：色值：f08967位置0%、色值：f3a79d位置100%。

C：色值：d93248位置0%、色值：ea895e位置100%。

D：色值：df7070。

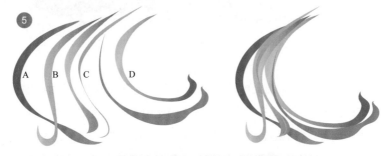

尾部的羽毛可以先有一个动势，等到PS中再进行更细致的修改。

下图❻：羽毛高光的绘制，选择（AI）画笔工具，色值：d93248位置0%、色值：f3a288位置80%。线条沿着图形整体走势绘制。

无论是动物还是植物，都需要先有个外形做基础，凤凰的样貌和色调大家都不陌生，从小在故事中听到的关于中国神话中最常出现的就是龙和凤，如果设计师对素材毫无概念，可以搜索类似设计，如果遇到有年代感的图案，可以试着翻新，因为越是有年代感的图案越会产生文化底蕴。大家尽可能去颠覆看看。下图是从AI到PS中的一些调整之后对比效果。身体变化不多，右翅膀将羽毛增加了一层，尾部在原有基础上，增加了凤凰尾部羽毛的特点，让画面更厚重。

左（AI）右（PS）效果对比

（4）其他场景素材设计

这里包括云海和山，为了凸显中国风的设计风格，可以适当浏览中国画从中找到更多启发，另外还有一些书籍例如《芥子园画谱》《历代山水花鸟画集》等。还有老版动画片，例如上海美术电影制片厂于1961—1964年制作的《大闹天宫》等。这些跟平时浏览习惯有关，所以在绘制起来并没有太多难度。这部分的绘制主要是笔刷的调整，利用笔刷的压力，将线条调整出粗细就可以让线条看起来更有层次感。绘制中先整体画线，填充的部分最后画，将云在AI中画形，在PS中调颜色，对比如下图所示。

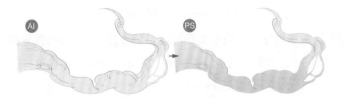

图形在绘制中线条的粗细是有规律的，例如靠近边缘可以考虑加重，在内部就适当地减轻线条，转折和起伏的部分适当加重线条都是可以的。

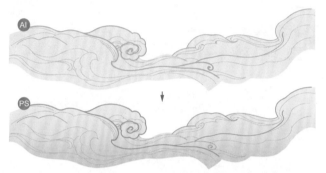

以上线条在设计中进行了一些修改，所以AI与PS会有些细微差别。云的渐变色值如下（PS）：背景填充色值：ffc2d3位置%10、ffd4c2位置%40、e5e1ff位置%100。描线色值：d99029。

山是靠单色形状叠加组合而成，下图❶和图❷的色值从左至右顺序如下。

图❶（AI）：2b5b72、0e6e7e、0b5f73、095774、0b707b。图❷（AI）：127a9f、0e668a、045b7c、015073、004560。

4. 合成

以下设计进入到合成阶段，将之前复制、粘贴到PS中的图形进行整合设计。这部分就是将素材物尽其用的最好例子。回到之前创建好的1125像素×2436像素画布中，开始具体设置。

（1）大背景：渐变色值：0a3c64位置0%、fc6060位置30%、7bbbad位置68%。

（2）月亮基础型：尺寸975像素的圆，渐变色值：fde1b9位置0%、ef9997位置50%、9ac566位置100%。

（3）月亮背景光外发光：复制太阳图层，选择蒙版—羽化设置199%。

（4）月亮上层增加内发光：复制太阳图层，填充为0，增加内发光图层样式，设置如下图❶所示，色值为白色。同时在图层上需要增加蒙版，让光保留在月亮底部即可。

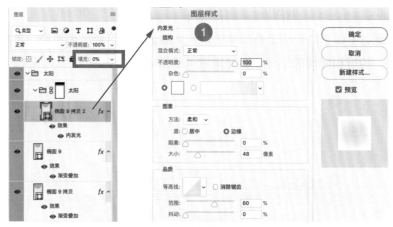

内发光设置

（5）如下图背景右侧云海和山的效果，这部分云还可以利用局部、节选、叠压、反转等方式调整出新视角，如果还是不够，可以利用这种风格继续发挥。

最后总体设计中需要考虑到远景和近景的区别，例如近大远小、近实远虚等。

背景色加上层量化素材后的效果

（6）凤凰合成：凤凰在画面中是整体灵动的表现，因为背景云层线条很细碎，在上部的凤凰必须避免与前后二者互相干扰，为了突出凤凰整体可以选择增加背景光来衬托并提亮主体物。具体设置可以参考太阳的背景光，利用图形羽化来完成，背景光的色值为e0ffd7。这部分还需要完善调整凤凰的尾部，适当利用色彩来提亮凤凰的尾部，有七彩仙气的感觉，色值设置仅供参考。尾部羽翼部分线条（PS）色值如下：

A：色值：6fe2ff位置0%、色值：87a2ff位置36%、色值：8273ff位置78%、色值：9473ff位置100%。

B：色值：e7000d置0%、色值：6adfff位置100%。

C：色值：e72d49置0%、色值：f48c5f位置100%。

D：色值：f4d5e0位置0%、色值：a299bd位置100%。

（7）收尾：最后整合的过程不会像我讲得这么快，越到最后越需要反复推敲，画面中的文案是在下图❷完成之后就开始着手设计的，包括字体剪切的形式，每行字数的排列等。螺蛳粉的字体设计可以从毛笔字网站下载编辑。本段下图❸在画面中点缀了一些花瓣，以及月亮边上围绕的云都是在感觉画面空间对比不舒服的情况下不断调整的。

　　从这个案例中不难看出插画在视觉中起着烘托气氛的重要作用，无论画面什么风格，细节与整体必须统一。风格是流行的命门，紧跟时代视觉设计就会有话题性。视觉设计师是用视觉讲好故事的职业，用心去做一定能成就一番事业。以下设计源自互联网，设计各有千秋，插画独当一面。如下图所示。

关于螺蛳粉的设计源自互联网

新年活动——闪屏页面（AI+PS）

在上一节的讲解中或许有人并不觉得那是所谓的手绘，毕竟传统的手绘需要一笔一个色调，或者至少要有更多笔触质感才是手绘。似乎如今的电子产品已经拓宽了更多新绘制形式，因此不断地学习新技能，提高创新能力是视觉设计者任重而道远的目标。本节仍以某品牌测试题为例，来讲解另一种风格的设计。

进入UI行业2年以上的小伙伴一定对岁末营销这类的活动不陌生。例如看到邮件中一些固定的开场白："又是勤奋的一年，又是收获的一季，每逢年终岁末为了答谢一直陪伴我们的新老用户"等句式，就意味着年终的品牌大营销即将上演。一般情况，除了我们熟知的阳历新年还有农历新年，所以整体称为岁末促销。下面的题目是以阳历新年为例，大家看完之后可以尝试为农历新年，也就是春节设计类似的活动主视觉。

1. 审题与提炼思路

● 题目：×××电商品牌根据"新年"为题做一个手机启动页，×××电商集团一年一度的跨年贺词，在年终岁末之际要将公司轻松、愉快的文化氛围传达给员工，除了感受咱中国特色的年味，还有公司如家人般的关心和爱。设计要求：围绕2021年新年在即，设计贺词引导页，并能体现过节时和谐、欢乐、红红火火的气氛。贺词内容"开工大吉/恭贺新春/新年囤货季"任选。

● 设计风格：不限。

● 设计尺寸：1125像素×2436像素，分辨率：72%。

首先分析思路：设计要求中的关键信息为"2021年新年""气氛欢乐红火""恭贺新春"等关键词。再根据这些关键词来发散思路同时搜索相关素材，这样主视觉配合LOGO基本就构成了一张启动页的设计形式。那么关于元素的收集，根据过年挂灯笼、贴福字、放鞭炮、吃饺子等团团圆圆一家和乐的方向适当地提取一些素材配合主体就可以了。如下图所示，看一组相关作品参考。

作品源自互联网

以上4幅作品都从不同视角烘托气氛，图❶、图❷仰视，图❸正视，图❹多点透视，从不同内容中也传达出多样的设计思路。所以根据主题脑中能想到一幅过年舞龙的画面，一对男女，女孩手舞龙珠，男孩舞龙，欢天喜地从城门楼穿过，满天烟花灯火通明。草稿完成后与想象图对比如下图所示。

2. 制作

第1步：人物设计，启动AI软件开始从线稿到面的设计，这里的设计是之前课程中讲过的线条人设计，扁平人物中利用线条本身的灵动性完成人物动势的设计感觉，依靠线条粗细变化来达到面的表现部分。下图人物从线稿到单色稿找对动势再到上色。步骤不多先把主体完成，将完整人物分别复制到PS中，更多图形色调、构图都要到最后整合中进行调整，如下图所示。

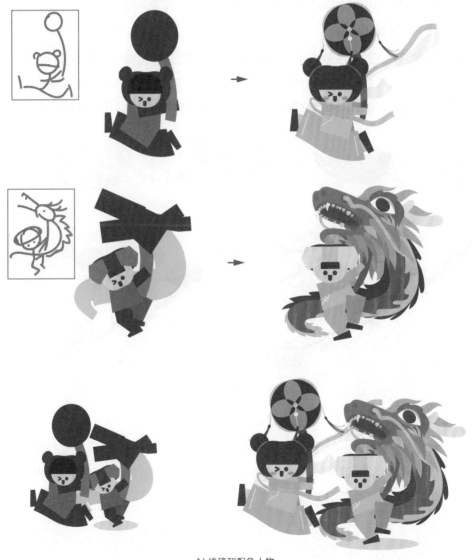

AI 线稿和配色人物

上图人物的细节部分没有复杂化，也没有使用渐变，只是色块简单区分形成二维画面即可。毕竟场景中还有很多元素，如果在人物的部分就过分发力，完整画面的时间更需要合理分配。

第2步：下图的梅花素材分解和组合效果，利用设计量化完成复杂图形的设计，页面色值分享如下。

- 花瓣：色值f7c0b5，位置0%，色值de6867，位置100%，花瓣纯色值f7c5bf。

- 叶片：色值90beb2，位置0%，色值004f3a，位置100%。

- 枝干：色值5f403f。

看到梅花会马上想到王安石诗中所描述的情景：墙角数枝梅，凌寒独自开。遥知不是雪，为有暗香来。在扁平风格设计中花形还是需要参考实际花卉来绘制，但是完全一样没必要，毕竟只是插画，意会即可。这里的素材也是分别复制到PS中，并进行构图编排。

AI——梅花素材造型

第3步：其他素材的绘制，这里包括灯笼、鞭炮。

- 灯笼：下图❶灯笼面色值：eb5f50，灯笼两端色值：f5c441。下图❷福字背景色值：e94633，福字色值：f6dc5d。下图❸灯笼线渐变色值f7c0b5位置0%，色值：de6867位置100%。

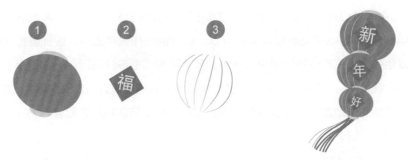

● 鞭炮：下图❶用直线工具绘制鞭炮，描边色值：dc4f3f、d83a2b、黄边f5a72f。
下图❷炸开部分色值：d8382a、f5a72f、dc4f3f，色值比较相近，可以利用鞭炮
主色来回穿插。

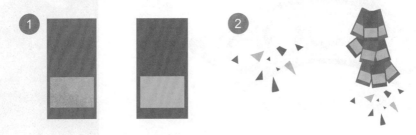

第4步：PS整体，本段先设计大背景再将物体一一置入来看效果。

● 背景渐变色值（白天）：fde1b9位置0%、ef9997位置50%、98d07a位置
100%。

● 背景渐变色值（夜晚）：320f60置0%、83ccfe位置100%。提示：背景色可以在
最后调整中多尝试几个环境，会让画面意境不同。

● 月亮/太阳：色值：ffecb8，图层外发光色值：ffe395，大小：220，调制最大，范
围：50。这里白天就是太阳，夜晚就是月亮，图形尺寸为890像素的正圆，如下图
所示。

● PS中的城门设计：这里回到一些朋友们质疑的问题，有些人会问这张设计图我只用AI或只用PS来完成可以吗？可以，软件的选择只是工具，设计者擅长什么就可以用什么，只不过我的使用习惯是，偏扁平的图形设计就用AI，需要渐变和调色的图形就用PS，最终目的就是为了提高效率。城门的设计在PS中完成，之前考虑过很复杂的例如龙凤呈祥这类的元素，发现如果实际应用进去就会影响人物，所以做了减法。如下图所示。

最后将上图设计合并，在合并的过程中人物的部分需要被衬托出来，所以在两个图层之间利用图形羽化表现光晕。下左图为最终版本，右图为夜景版本。最后增加烟花和字体，烟花和字体是网络素材，新年囤货季是造字工房劲黑字体，因为是内部案例所以字体可用，如果是商业案例须谨慎。

这里的人物和场景设计整体以"简化"为方向，能用一条线表达面就不多用一个面。另外人物的颜色以蓝红为对比，之前尝试过其他配色，如果单独使用是没什么问题的，但是配合某些场景就会变得格格不入，甚至过于跳跃，所以在AI中的调色只是一个前期准备，还是需要回到PS大背景中反复推敲。这段案例的设计并不复杂，拼接堆砌也是需要有完整性的考虑。另外人物的表情大家可以多参考日系零食的包装设计或者Q版卡通人物的表情就会轻松完成。

　　以过年为例简单介绍另一个实际案例，下图是2016年为PP租车设计的跨年引导页，设计的形式以品牌形象舞狮的动作为主体，遥控汽车寓意租车行业，同时托着龙珠寓意"引领"。构图符合由上至下的视觉浏览习惯，背景保持品牌橙色的VI色，仅用舞狮最后面人物脚下的灯光就能拉开汽车与人物二维环境下的追逐感。从整体来看视觉表现独具一格，与下图其他行业设计相比较别具一格，这里也是体现不用渐变的扁平插画设计"形"和"色彩"的把握非常重要。

2016 年为 PP 租车设计

08-04

插画在不同用途中的转换（PS）

本节案例是为旅行类应用设计的活动头图，并根据主题适配从头图到Banner再到App引导页面，以及H5页面之间的版式区别，大家可以参考以下形式。

　　下图以一男一女在旅行的过程中与大自然亲密接触为画面，从人物造型、动势、构图等方面进行考量，背景图案配色走清新自然风格，比例适合头图和横版Banner，先来看具体设计。

1. 场景设计

　　这组场景配色整体偏清淡，所以才能让人物和文字部分凸显。设计的互补讲求搭配，包括同色搭配，撞色搭配等形式。利用前面场景课程讲到的关于前景、中景、近景拆分成组的方式设计，最后组合，以下顺序仅供参考。

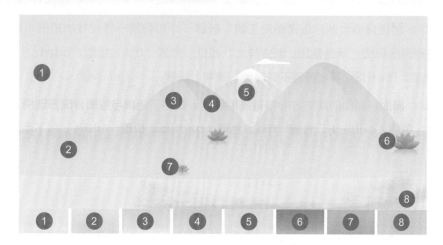

　　第1步：在PS中新建画布，尺寸：1360像素×630像素，分辨率：72像素，设计头图的尺寸。

　　第2步：画山：选择钢笔工具绘制两个连起来的山头，一高一低，山的形状并不规则，因此没有选择椭圆工具。钢笔工具快捷键P，利用Alt+V键切换尖角与圆角，以及Com键移动锚点。色值设置：位置0%，色值：b5d5ae。位置100%，色值：f3e5da。参考上图❸。

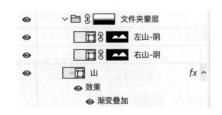

第3步：山的阴影：模仿自然光，给山增加阴影也是为了适当增加画面层次，在山的图层上方新建一层，利用钢笔工具，给两个不同的山包绘制阴影，色值：abcf9f。利用蒙版将阴影多余的部分隐藏起来，因为山的阴影选择了纯色填充，所以需要将两个阴影层置入文件夹中，给文件夹一个渐变蒙版就可以将阴影与山包完全衔接，图层效果如右图所示。参考上图❹。

第4步：雪山与云：下图为分解效果。利用钢笔工具绘制，山的色值：b1d6dc。积雪部分外形先借用山体，然后再利用钢笔工具画出积雪下方缺失的部分，在利用蒙版对山体进行剪切调整。云的形式大家可以多画些形式。参考上图❺。

第5步：创建背景大色：选择矩形工具，新建一个跟背景一样尺寸的矩形，双击图层面板，选择图层样式：渐变叠加，渐变样式：线性。位置：0%，色值：bde1e8。位置：70%，色值：f9e1d8。其他设置不变确定。参考上图❶。

第6步：湖面：湖面的渐变方向与背景相反，远处为了略微与地面分隔开选择了颜色加深。设置：色值：edd9c8，位置：0%。色值：badfe5，位置：100%，如下图所示。参考上图❷。

湖面渐变设置参考

第7步：莲花：湖面上有3朵莲花，作为一个点缀气氛和装饰作用，颜色分为深浅两种，如上图❻是深色上图❼是浅色。先来看上图❻的具体设计，选择椭圆工具绘制一个尺寸为56像素×22像素的长圆，将两端利用A键转为尖角。双击图层，选择渐变图层样式，设置色值：ffbac7，位置：0%。色值：f18467，位置：100%。将形状旋转（Com+T）15度。如下图所示。

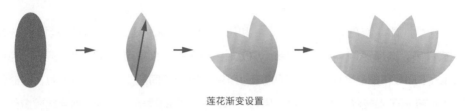

莲花渐变设置

复制图层（Com+J）继续旋转15度。再复制再旋转。这样一半的莲花就制作完成，选择3个图层单击图层面板下方的文件夹完成分组，如下图所示。复制文件夹（Com+J）选择顶部菜单—编辑—变换—水平翻转，再利用移动工具对两个部分的图形进行底部对齐，这样一个完整的莲花就做好了。

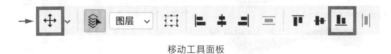

移动工具面板

第8步：给莲花加倒影，将完整的莲花文件夹复制，选择顶部菜单—编辑—变换—垂直翻转，位置挪到莲花底部对接或压上一个像素，选择图层面板，添加图层蒙版，利用渐变工具—线性渐变，在莲花适当位置添加渐变，遮挡住下方多余的部分，有水中倒影的感觉即可。如下图所示。

上图❼的莲花与上图❻从外形上没有区别，只是将前两片花瓣颜色调浅。设置色值：ffbac7，位置：21%。色值：ffa58d，位置：100%。水面的投影因为处在场景近处可以略做调整，将图层投影的渐变解锁并向下移动一些。植物的设计不求复杂，只求色彩和谐好用。

左为图❻，右为图❼

　　第9步：沙滩颗粒感：这步我们需要利用笔刷，选择画笔工具，在画笔面板选择躁点笔刷文件夹，选择 Airbrush-Grainy Opaque笔刷（大家可以在网络上搜），色值：f0b7a1，下图❶和图❷是通过手绘版的压力所绘制出的不同感觉，图❶不用力，同时需要将画笔倾斜在板子上轻轻绘制。图❷是用力压笔之后产生的线条。很多人都会比较意外，躁点不是喷笔效果，越用力反倒画不出喷洒效果了。在画笔设置面板，大家可以多尝试调整设值，这样才能用好笔刷。效果参考上图❽。

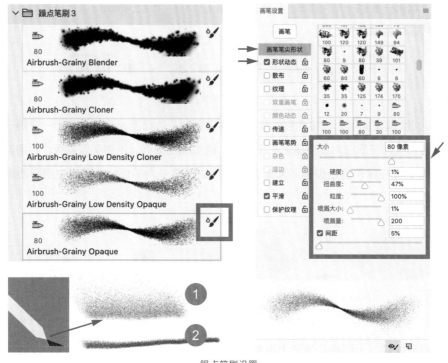

躁点笔刷设置

沙滩颗粒质感

如果你是第一次看教程，希望大家能够多去理解和思考步骤中软件使用是否有重复，这些重复可能产生的视觉效果各不相同，这就是工具的强大演绎。

2. 背景植物的设计

在植物页面量化之前我们来拆出基本元素。以下图❶~图❹的外形与莲花的外形一样利用椭圆工具，将两端变尖角就好。

- 图❶（叶子）：渐变设置色值：66cebc，位置：0%。色值：f09283，位置：100%。

- 图❷（叶子）：渐变设置色值：62b1a6，位置：0%。色值：8fd3af，位置：100%。

- 图❸（叶子）：渐变设置色值：66cebc，位置：0%。色值：c6d290，位置：100%。

- 图❹（叶子）：渐变设置色值：55cad8，位置：0%。色值：8fd3af，位置：100%。

- 图❺（植物）：渐变设置色值：a2d2aa，位置：0%。色值：e89a6a，位置：100%。

- 图❻（树干）：渐变设置色值：a2d2aa，位置：0%。色值：e89a6a，位置：66%。色值：875435，位置：100%，关于上图❺植物外形是利用Illustrator软件来绘制的，利用钢笔工具或直线工具，画出下图所示样式，并对线条—属性面板—

描边进行修改。粗细：22磅，端点：中间圆头。选择宽度工具 ✎，对线段一端调小。其他的部分就没什么难度了，画好植物复制到PS软件中，粘贴为：智能对象。

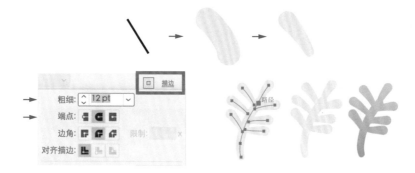

本段叶片或植物渐变的方向一定是统一的，同时错落有致，渐变角度要符合叶片的自然摆动规律，同时渐变设置色值不要太僵硬就好。另外在摆放树叶位置的时候尽量顾及整体色彩，在大小不一地摆放同时，给画面营造出活跃的气氛。具体摆放参考上图❼。

3. 前景植物设计

前景是整体画面最上方起到覆盖、遮挡、站位的部分，让画面有一种摄影镜头的感觉。

● 上图❶，如果看过上一节案例的同学应该能知道这个叶片的设计逻辑，利用椭圆工具画出两头尖角的叶片形状，双击图层，设置图层样式为渐变叠加，色值：66cebc，位置：0%。色值：c6d290，位置：100%。接下来制作顶部渐变蒙版，选择矩形工具画长方形，色值：67be90，选择底部图层，如下图快速生成选取的操作，单击长方形图层，单击图层面板底部添加图层蒙版图标 ▫，这样就给长方形图层 ▫ 增加了蒙版。如上图❶给蒙版增加渐变，有了蒙版只是针对图形周围进行遮挡，剩下的可视部分还可以通过调整蒙版渐变发生改变。下图1就是完成后效果，渐变可以改变很多色彩之间的关系，让设计变得更有趣。

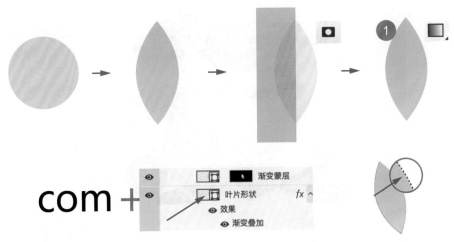

com+ 鼠标点击图层窗口，快速生成图形选区

- 上图❷（长叶植物），色值：8fd0a9，位置：0%。色值：8fd3af，位置：100%。

- 上图❸跟之前的莲花设计如出一辙，最前面颜色略浅的叶片色值：66cebc，位置：0%。色值：c6d290，位置：100%。后面暗部叶片色值：62b1a6，位置：0%。色值：8fd3af，位置：100%。

- 上图❹（红叶），色值：ffd6b9，位置：0%。色值：ffac9f，位置：100%。注意：前景在画面中不宜过多，但是可以起到引领视觉路线的作用，一个好的前景，会让人被故事吸引进去。

4. 人物设计

作为以旅行为主题的插画设计，人物的重要性还是有目共睹的。有的同学看到下面这么复杂的图形会手足无措，不知道该从何入手。这并不奇怪，有这样想法的小伙伴多半是行业萌新，只有经历一万小时定律的朋友才会暗自偷笑。下图设计首先需要有一个所谓的草稿，草稿的目的是理解人物的构图，细节方面包括人物动势位置组合。之后是填肉，通过服装、色彩让画面更丰富。

人物草稿与单色稿

　　扁平人物设计区别于绘画，在人物比例、形象细化方面要求比较宽松，甚至比漫画还要简练。所以在简化设计方面更多的是提炼人物的肢体动作，概括人物的表情，从而更快更好地完成作品。经历过前半段场景设计，植物通过一个元素的变化产生了一个森林，那么人物的设计会有些区别，只不过不同形状会更多一些而已。下面继续以分解的方式给大家演示。如下图所示。

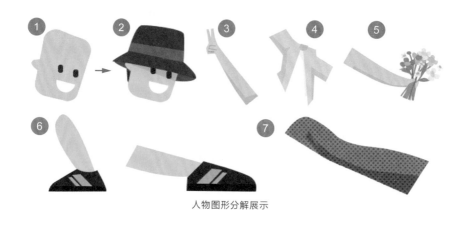

人物图形分解展示

从本案例开始所有图形形状全部使用钢笔工具和矩形工具、椭圆工具这一类路径工具完成。

第1步：上图❶（人物的脸型），利用矩形工具画出形状，利用A键和钢笔工具完善耳部和外形调整。肤色色值：fbc4af，眼睛仍然利用矩形工具，边缘半径导角：3像素，色值：392e16。嘴利用椭圆工具，删掉上部锚点，这时很多人都会想将中间两点连接，但是一连起来形状会瞬间变形，所以到此为止。嘴的位置紧随眼部方向，你也可以试试其他位置，会产生很多表情包。

第2步：上图❷（帽子、投影、头发），这部分需要经常利用蒙版，例如帽子在脸部的投影。投影色值：faae91，位置放在眼睛下层不会遮住眼睛。帽子色值：5b3d33，浅色条：f5af87，帽子底部色值：a63e34。头发色值：383122，没有选择黑色因为略显呆板，整体色调偏浅，更容易产生亲和力。

第3步：上图❸、图❹、图❺可以整体设计，为了让画面更丰富，所以增加了衣物和身体部分的投影。钢笔走线是一种技能，一遍走对关键在于布置锚点，不能多，多了会乱，越少越能产生形体感。另外Photoshop的线没有Illustrator宽度工具那个功能，不会让线有粗细变化，所以在PS中只能利用钢笔锚点来画形。所有肤色色值与脸相同，手臂投影色值：ed9d7e。衣服色值：ffcb68，衣服阴影色值：f8bc49。T恤阴影色值：e9e9e9。上图❹在T恤后面的脖子色值：f5b298。上图❺花的部分大家可以自己尝试练习定义。

第4步：上图❻、图❼，用武侠小说中常说的下三路来整体设计。外形参考分解图，这部分需要讲解的是裤子的纹理，利用画笔工具，选择特殊效果画笔，这部分画笔其中一些很像漫画中的网点效果。如下图所示。

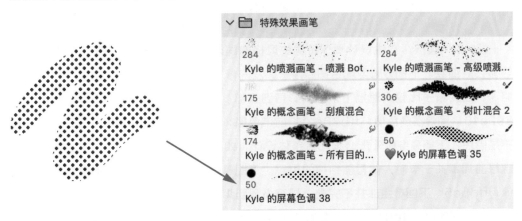

裤子的色值：35915d，阴影：1f6d2a，纹理色值：76cfb5，图层选择线性加深。好了，希望大家在人物的组合过程中还算顺利。

第5步：小鸟：下面我们来介绍一位嘉宾，鸟或其他小动物在场景中带来的一定是趣味性，男孩拿着花，虽然身后有辆小汽车，但并不会有生动的气息，所以配合着帽子就搭配了一只小鸟，体积并不小，为了画面感调大了小鸟在画面中的分量。如下图所示。

第6步：上图❶翅膀的色值：44b776，翅膀的绘制利用钢笔工具和路径操作面板对形状的布尔运算。上图❷鸟上嘴的色值：ab8f56，下嘴的色值：a17c36，形状很像儿童剪刀。上图❸给小鸟增加简单的羽冠色值为ef6478。

第7步：上图❹身体包括前胸黄色部分和眼睛，设置色值分别为：身体3e9f68，前胸ffcb68，眼球424355，眼圈ffffff。上图❺腿部为两条描边2点的细线，色值：e60012。如下图所示。

图❺腿部描边设置

第8步：女孩：女生设计要保持男生风格的同时还要更可爱，例如服饰搭配、表情等都会更细致。下图❶脸型配合图❷帽子头发的修饰让脸变得更可爱。这里脸部的颜色略深，因为帽子比较大遮挡下来的阴影直到颈部。脸部的色值：f7c0ab，眼睛色值：392e16。图❷帽子色值：ffb78e，帽前带色值：e9864e，头发色值：333231，并不是黑色。下图❸身体外形必须配合整体设计，如果大家对人物动势掌握不太好，可以想想前几章关于卡通人体骨骼结构的讲解。下图❸脖子阴影颜色如下图❶脸色，皮肤色值：ffd5c5。下图❹腿部并不完整，只有小腿到脚，在最后组合阶段人物遮挡还需要被裁切，腿部色值：ffb01a。下图❺裙子底色：ef6478，裙子阴影色值：d24365。最上层网点色值：e9444c，图层选择颜色加深。下图❻帽子底色：ff985d，飘带分别为：ef8c53、ea702a。最后是头发颜色，与之前一致，这部分的设计从分层角度要在身体后面，帽子前面。

女孩的脚被男孩挡住，所以从开始就没有设计进去，这里只求整体完整就好。

帽子、头发等将脸型修饰起来

帽子、头发等将脸型修饰起来

5. 多用途扩展设计

以上为头图的素材、主体人物的设计，下面针对不同项目进行尺寸修改，同时从横版图到竖版图的版式调整，是将背景拉伸同时要适当调整人物和汽车宽度的过程，就像之前说的画面为整体构图服务，这里不存在绝对的主角，只有适合的画面。下图H5页面设计是针对平台端推广做的设计。

引导页和 H5 页面

引导页主要注意构图，不要与按钮产生干扰，同时主标题和LOGO要有所展示。H5页面是针对活动进行的页面排版与产品展示。如今很多H5页面内容非常丰富，长度各有不同，其实页面越长越不容易引流，除非页面像小电影一样有吸引力，这样才能转化更多铁粉。这一节要让大家熟悉插画主题在不同项目中的形式，为了更好的设计效果会舍弃时间。下图源自互联网的不完整作品，作为参考你是否看到了相同的形式和各自的差异设计呢！

素材源自互联网

4
PART

第 9 章　网页插画设计

插画设计在行业（案例）

电商设计师的自我要求

聊到网页，我们要从上升速度最快的电商行业说起，如今的电商覆盖衣食住行领域，没有做不到。那么电商行业对设计师的要求又有哪些呢？电商设计师，即电商平台网店网站页面的美化和研究用户交互体验的工作者的统称，需要研究PC端、手机端网店页面编辑美化并善于用户体验。如今的电商设计师涉及的工作有网店设计（平面设计）、P图（图片处理），设计主图视觉、详情页等等。

电商设计相较于传统设计，需要掌握更多的技能应用。电商设计除了懂得PS的运用，还要熟练AI、CDR、ID、DW等基本代码的运用，近两年来流行的C4D软件也要会些。大家可以看天猫、饿了么的主图、宣传海报等，有不少立体感、创意感十足的设计图需要C4D的介入。掌握了诸多技能，在移动端领域也会有需求，因此对于电商设计师来说，技能在手，就业领域会更宽泛。除了专职的电商设计师外，还可以从事移动端设计、网页设计、平面设计、品牌设计、淘宝店铺装修设计、网店推广、淘宝运营主管等工作。技能越多能力越好，经验越丰富，在职场上才能如鱼得水。

09-02

网页设计速成

网站的设计要从版式入手，很多初级小白以为网页就是去模仿，模仿的多了也就越来越像了，在这里所有平面类型的图文设计都是从排版形式做起。只要根据项目找到对应的版式就不会出错。

下图为例，图❶是三张宽度不同、内容相同的适配页面。该设计分别对网站、平板、手机端做出适配。这里的适配是指量体裁衣，根据实际的操作端口做出判断，在不破坏页面形式的同时能兼顾各个输出端口。图❷和图❸分别是Web和App的界面形式。

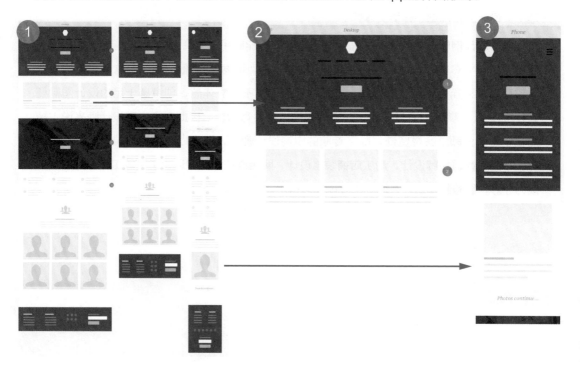

如果你是一个UI设计师，从专业的角度出发必须考虑多版本适配的问题，唯一的解决办法就是排版"板块化"。如下图所示。

网站流程图和图表

曾几何时早年新浪推出博客的时候，最初的版本是可以随意自定义页面的版式，其原理就是利用了板块化的模式，将个性化的使用习惯归于一个个板块，板块的宽度变化随着页面列的宽窄改变，板块的高度由内容决定，例如音乐播放器的高度就不会无限延伸，但是发帖子的内容就会长短不一，上图网站流程图和图表就是根据模块的内容来设计的，同时当大家对网站版式没概念的话就需要多看看类似的规范。

将页面从板块模板中提取合适板块，根据不同产品搭建出来的页面就是页面排版，如下图所示。从页面的内容会分成几大类，包括门户类、电商类、产品类、个性类。个性类的页面多半都是很天马行空或者说艺术性很强的类型。所以从规范的角度考虑适用性，门户类、电商类和产品类更适合。下图是一个页面的板块分析，过度地使用板块会让页面变得不工整，所以这个版式已经不再适用今天的设计项目中。

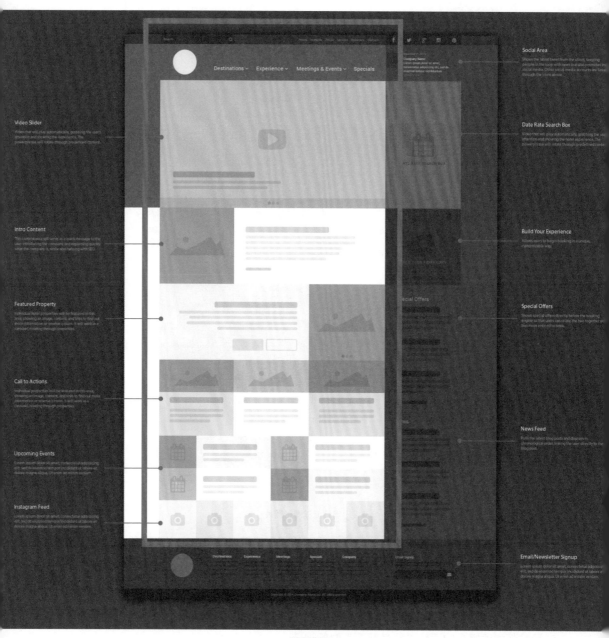

页面排版

　　那么页面设计到底有哪些形式呢？如今的移动互联网已经走出了另一种高度，也产生了一种以"白"为主的形式。从以往的某些执着于表现视觉到如今的设计减法，从色彩到画面减去了以往的沉闷和呆板，或许是因为苹果提出的白雪公主式设计理念，在潜移默化间颠覆了整个设计领域，甚至还在愈演愈烈。如下图所示。

https://dribbble.com/search

　　第二种形式则源于"文化"，中国是一个有着五千年历史的悠久古国，自然民俗中的节日气氛最让吃过苦的人们记忆犹新，因此"月月有节日，天天购物节"的文化已经形成。这些天天卖货的商家绞尽脑汁地安排着国人的购物车，下图为缩略图，我们先不去看细节，大家是否感受到浓重的色调和呼之欲出的生活气息。这似乎就是电商的魅力，殊不知有多少人进入页面之后，已经忽略了页面的长度，而专心买买买。

　　第三种形式介于前两者之间，主要为社会体制服务的门户类网站，设计起来讲求中规中矩，保持内容的清晰和高效即可。以上简单跟大家聊了学习网页设计的方向，同时在实际项目中还是需要具体问题具体分析。因为本章不是专讲页面设计，所以接下来的案例讲解以电商类头图为主，从插画的不同风格说起。

电商头图设计（PS+AI）

关于电商插画各有千秋，下面找了一些插画类型设计给大家作参考，想说明插画的目的是品牌服务，所有的故事性都不能独立存在。另外电商品牌利用插画来营造不同环境，从品牌的运营效率上是高效且更有趣味性。所以我们讲解课程案例，将从插画的绘制风格中提出新的思路。

1. 审题与提炼思路

下面以"旅行"App为品牌服务对象设计店铺海报/头图，要求海报尺寸为1920像素×1080像素，分辨率为72%，设计内容不限，主题文案：世界这么大，我想去看看。

首先分析确定设计思路，经常出行是很多城市人群梦寐以求的愿望，很多白领没日没夜地加班，甚至有些创业公司员工的假期基本被工作全部排满。能够出游接触大自然，甚至有些时候早起走路去上班，对很多白领都是一件奢侈的事情，总而言之忙到起飞。所以接触自然必须是很多插画营造环境的首选思路，能想到：时间、地点、天气、季节等。所以我想设计一幅从城市到海边的梦境入口，希望这样更能体现城市人对反季旅行的渴望，草稿如下图。

然后是色调/风格，如果你已经有自己的配色方案，那就可以开始动手设计。如果没有，可以先去素材类网站（花瓣）搜索关键词尝试找感觉色彩成熟的作品进行参考。风格方面也是一样的。那么我们开始动手吧。案例中会给大家看尝试的不同事物，这也是设计中必不可少的环节。

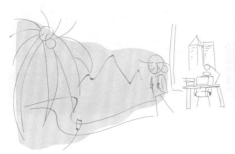

AI 草稿

PS 完成稿

2. 人物设计

首先是人物动势和外形服饰设定的过程，这是一个减法和加法互相沟通的过程。从红衣女孩到高个女孩的变化都跟画面的进展有关系，最开始的画面是想做一个说走就走的女孩，手里的文件散落，穿着蹩脚的高跟鞋，不管那些烦恼的工作和扰人的项目，所以手部线条是下垂的动作，同时脱掉那些束缚的服装，换上轻便的衣服去旅行。

从下图的步骤分解和画面效果看，似乎周围的环境下人物还是很突出的。但是大家是否注意到男主角？男孩手里拿着地图在向外张望，似乎有很强的故事性，但是最后男主角被换掉，换成了热闹的海边生活场景，一帮人在海边跑步、冲浪，家人孩子嬉戏。生活不仅只有白马王子和白雪公主的情感设定。因此从思路上做了转变，随之就是风格的转换。细腿型人物与粗犷型人物的区别在于，粗犷的人物色彩面积更大。粗犷型人物尝试了腿部渐变之后果断放弃，换成Google流行的线面配合。同时人物的动作随之改变。

3. 场景设计

整个画面右侧是一个小场景，代表平时上班族的工作状态和城市多半的雾霾天气。细节之处在于工位上侧坐的椅子和角落里整齐摆放的高跟鞋。可能还会有很多例如工程师座位会有几台电脑，产品经理的工位会有一些书籍，设计师的工位会有很多盲盒或手办等。

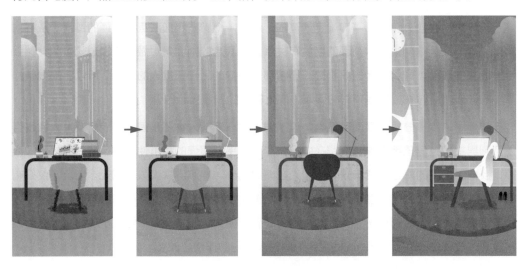

（大场景设计），这里先说人物，书中有关于人物的介绍，例如骨骼小人的思路，这里的人物利用AI套用骨骼人物的设计模式，在画面中人物作为色彩点缀来设计，同时大场景的色彩调整了两个版本，最终还是确定左图版本。

- 下图❶：部分植物设计，扁平插画有很多种方法，我选择摆放简单、体现色彩的方法。有些插画厚重，体现在细节的重复性和规律性以及细节和内容，作为这种电商插画，画面的复杂性可以适当做减法，但是大气氛不能打折。

- 下图❷：调色后植物前景效果。

- 下图❸：字体选择的是（字由芳华体），商用需要字由会员。这里如果你顾忌版权那就尽量做些"形"的调整。

- 下图❹、图❺：背景天气的场景，这里希望营造一种天空之境的感觉，厚厚的云，淡淡的山，远处的落日和海边自由呼吸的人们。

最终效果如下图，下面网站页面部分的设计，色调完全可以参考插画部分冷暖气氛的混合，或者单冷调，总之没有不好的颜色，只有不合理的设计。

 色彩部分建议大家多去参考设计网站或成熟的设计作品。例如，下图为dribbble-Explore精彩栏目下的细分内容。

Shots

Get inspired with designs shared by our talented community

Top Designers

Check out the rankings and see which designers are trending

Blog

Amazing interviews with design industry leaders, tutorials, and more

Weekly Warm-Up

Join the fun and flex your design skills with our weekly prompt

Playoffs

See Shots that other designers are riffing on & participate yourself

4
PART

小程序 /H5/ 小游戏 /App 插画设计

第10章

小程序/H5 插画设计（PS）

首先小程序与应用商店下载的App从获取渠道上略有区别，小程序是通过微信二维码或搜索名称等方式直接获取，并不需要过多地安装过程。另外该类型小程序并不会占用过多的手机内存，从品牌推广的角度非常好用且灵活，能更好地引流用户。因为小程序的开发周期和产品的风格都能很快地调整和改进，因此现今很多大品牌会投入大量的资金给这些小程序开发和设计，毕竟这些产品相对于正式的App应用来说更能开拓市场和吸引新用户的加入。

下面案例源自淘宝2020年10月8日的小程序《我和我的家乡》。如果你平时看电影，这么应景的电影名字不会陌生，尽管这一年疫情的影响让人错愕，但是并没有妨碍产品的又一次随势而走的创意。如果大家感兴趣可以用淘宝App扫下图右下角的二维码来亲自体验一下小程序带来的乐趣。

小程序整体逻辑并不复杂，从地球的大视角到选择家乡，在从每个地区提炼出属于自己的家乡话，最后展示在带着霓虹灯的老街上，有种时光穿梭的仪式感，最重要的主视觉就是最后这张街景图片，整个创意设计都很巧妙，风格偏广告类。

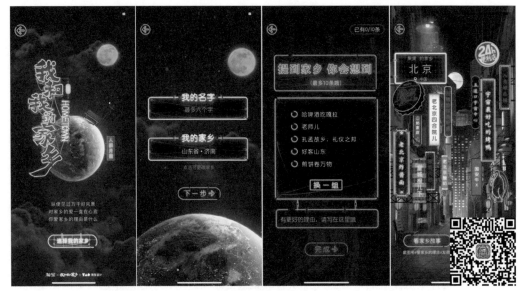

淘宝：我和我的家乡

　　下图为桃花姬：桃颜上上签的创意设计，亲身体验之后发现这棵树上满满的心愿，实际操作有三维空间的感觉，虽然仅仅是个平面的插画，但还是能让人感觉到程序带来的舒适体验。大家可以利用微信扫描下图右下角二维码亲身体验一下，整体偏扁平风格插画。

桃花姬：桃颜上上签

这里小程序的交互设计随着技术的发展而进步，最初在网络端的时候Flash代码给了静止图片无限的想象力，让那些不能动的图形动了起来。自此顺流直下发展到了今天，那些利用HTML5程序开发出来的交互小程序被简称：H5设计。

当你了解了小程序应用的含义，会发现，从设计到开发，视觉风格的定位特别重要，其次是与用户的互动形式，这两点就足够让一个创意变得鲜活。当然设计过程中也会有很多细节问题需要解决，设计者需要在交互过程中不断地做减法，从中提炼出最为关键的画面和视觉，而开发同学则需要尽可能完善交互部分，很多好的设计抓大感觉的同时最关键的就是抓细节，桃花姬的花瓣飞落满屏，并不会给人混乱的感觉，落叶的随风散落给画面一种轻盈灵动的意境。

漫画类小程序，"火影忍者OL：火影的奔跑，你敢挑战吗？"是由万代南梦宫和腾讯魔方工作室共同打造、腾讯出品的全新羁绊策略手游，我们的任务是通过对#忍者跑#的宣传，来唤醒游戏IP热度。

这部小程序的配乐与画面的结合堪称完美，帧帧踩在点上真是相当紧凑，如果你对漫画很熟悉那么这种感觉会更直观。似乎这个时代不知道火影忍者的人已经很少了，先不说这部漫画的内容如何，就单单成百集直到今天都没有大结局的作品，真的是好有故事啊。这部产自日本的漫画堪称陪伴了80后、90后的童年时光。就是因为这种熟悉，小程序利用了可以延续的故事性和漫画节奏，将怎么"忍者跑"的概念与火影粉丝的情怀相连。从普通人视角出发，通过"初心""觉醒""勇气"三个直击内心的问题关卡，用忍者跑的方式层层递进，找回羁绊重返木叶，结合剧情中问题为用户匹配符合其个性的忍者跑队长。这里美术设计为了配合故事，设计团队对色彩做了大量的"减法"，把主人公和他所在的城市处理成黑白单色，把火影人物和木叶村处理成彩色造成强烈的反差感。最终配合动态效果，在抖动和专场动效的配合下提升了品质。如下图所示。

火影忍者 OL：火影的奔跑，你敢挑战吗？

好看的设计很多，这里就不一一推荐了，更多H5设计大家可以去网站浏览"最美H5案例欣赏"，如果想了解更多关于案例分析的咨询可以搜索相关标题。很多时候设计者内心的独白是值得大家去了解的。因为在自己的项目中或许能遇到同样的问题，很多时候不要闭门造车，多跟圈子里的朋友或设计同行交流会有很多意想不到的收获。

小游戏插画设计

首先我们需要明白小游戏与原生游戏并不一样，小游戏的开发环境是H5游戏，通过微信扫一扫二维码或社交类系统进入运行，小游戏属于小程序中的一种交互形式。比如《跳一跳》《大家来找茬》《助力拿奖金》《冲冲冲》等简单互动形式为主。然而小程序除了小游戏以外还涵盖很多其他内容，比如点餐、电商、预订、工具等。更具体地说，游戏顾名思义，就是"玩"，在边玩边操作的环境下达成品牌商潜移默化的任务指令，非常舒服的广告软植入，下面来参考几个好案例。

"八达岭奥莱2020周年庆"是根据2020年双十一期间双节将至设计的一款H5类型小游戏，用户进入H5界面，向下滑动开始游戏，单击屏幕中可操控的小兔子跳在不断飞过来的月饼上，整体逻辑模仿堆堆系列游戏的思路，只不过这款小游戏无论是时间还是速度都并不规律，所以可挑战的感觉绝佳。最后会生成专属海报，整个作品背景色以蓝色为主，有种天宫之美。最后覆层的设计选择了圆形满月造型，在深色背景衬托下有种回归传统的感觉。如下图所示。

八达岭奥莱 2020 周年庆

这类的小游戏设计需要有主体人物、动物、卡通等形象配合，所以从主体素材设计方面要求更高。场景围绕互动环境，覆层的设计也要体现特点才能完整。

下面是学而思培优推出的一款H5类游戏，在高考即将到来之际为高考学子加油，宣传平台的学业辅导属性。在首页单击开始冲关，需要按照虚线画出鲤鱼轮廓。画完后，在铅笔、锦囊和题集中选择一个冲关道具。冲关开始，左右倾斜手机让其接住路上的书本等道具，接住后显示加分，底部是刚刚选择的冲关道具，单击可以加速冲关，最后可以录入加油语音生成海报，长按可以保存海报，海报右上角有二维码进行回流，设计采取了卡通手绘画风。

学而思：冲呀，乘风破浪的你

下图为网易新闻联合国家地理中文网，以网易文创旗下知名文旅内容品牌"城市漫游计划"为阵地，针对成都的特色文化，打造的"大熊猫就要出去耍"IP计划，推动成都城市热度回升，为小长假全国文化生活的活跃输出信心。

国家地理中文网 x 网易新闻：大熊猫就要出去耍

相比城市营销传统的宣传片或专题报道形式，城市漫游计划团队和国家地理中文网以"熊猫"为动漫人物载体，通过剧情化游戏和短视频故事，塑造成都时尚潮流的形象。首先推出线上"捉猫"微游戏。将成都多个景点，设定为游戏中熊猫逃跑出去耍的场景，同时将城市的人文典故、冷知识融入其中，在"找猫"的过程中，让用户了解城市。是集科普、游戏于一身的有趣小程序。模仿2.5D平面视角，插画利用国画中散点透视方法，整个创意和视觉效果考虑得非常缜密。

最后再看一个3D效果的小游戏设计，这是腾讯新闻端午节H5小游戏，以端午节特色活动划龙舟为主题。H5小游戏的形式一般都是从好友分享或者朋友圈为入口，进入H5后，看到大标题"龙舟划划划"，点击屏幕下方的"冲啊"按钮，进入龙舟游戏。另外看到游戏说明，躲避障碍物、吃粽子提速，单击"开始"按钮，321倒计时，40秒内，比划的距离（单位是米），吃粽子的个数；小手拖动船左右移动，碰到障碍物会减速，碰到粽子代表吃到了粽子，除了普通的粽子，还有一种带有super图标的粽子；super图标的粽子吃了后，速度提升得会更快。游戏结束后，会有和好友 PK的战绩，还有参加比赛的好友以及他们对应的行驶距离和粽子数。从设计上讲龙舟划船界面采用3D立体效果，赛道纵向扑面而来，赛道中的水也接近真实感。从体验上通过简单的划船比赛，和好友做互动，既轻松又有趣。

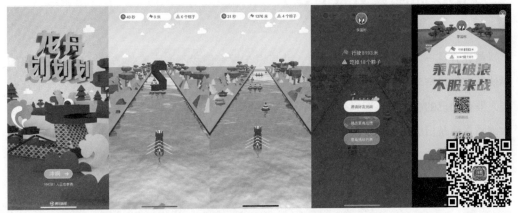

腾讯新闻：端午节龙舟划划划

从以上小游戏中针对不同的主题有不同表现形式，这或许就是设计者对待事物的不同看法。本段大家会清晰地发现插画在小程序和小游戏中占有的分量非常大。目前UI行业不会插画的设计师是很少见的，因为插画的表现符合品牌推广环境下的一切要求，所以插画不单单是一个画面，还要有故事、情节，从设计的角度要求画面细节，掌握得越多越专业就越有市场。这里小游戏讲求的是短、平、快。简短的故事性，平铺直入，快速地配合营销。针对品牌活动展示品牌特色，夹带着社会事实的热度，表现轻松的时刻。

App 插画设计（PS）

首先介绍一下本案例的设计背景，北京汽车保有量我不说大家都清楚，生活在帝都的小伙伴在年轻奋斗的年纪出行工具是走路、自行车、公交车、地铁、出租车。那么其中有一类人群有自己的小汽车，但是有一个不可逃避的问题那就是"限号"，每天开车出门要先睁大眼睛看清楚日历，手机确定好不限号才能踏实出门。而另一类人群是苦苦摇号，却遥遥无期。所以在这个大背景下，作为租车平台推出了"与其苦逼摇号，不如免费租车"的活动。如下图所示。

这个设计的实际操作并不复杂，规则要求在限定的10秒内点击小汽车越快速度越快，积分越高，分享后有好友排名，同时好友参与点开你分享链接就算助力，会帮助你增加减免租车的费用，终极大奖将获得一万元优惠券礼包。下面我们就来分解游戏素材逐一讲解。如下图所示。

- 上图❶（车型设计）：作为每一关的车型升级，选择了5款比较有特点的车型进行绘制，例如奇瑞、POLO、FOCUS、BMW、奥迪。车型的设计出发点是前视窗和排气孔，在车型的对比照中明显感觉这几点很有表情的特点。所以车型也选择了正面，而不是侧面外观。

- 上图❷（环境设计）：PP租车作为一个从新加坡创立的品牌，视角自然落到了摩天大楼和棕榈树上更应景，不过为了从整体上活跃画面气氛，适当地增加了摩天轮，本想再设计一个狮身喷泉但是因为难度和尺寸比例原因取消了，从背景整体来看也并不需要过多的地域符号，所以一切还好，建筑的设计是几何图形不同组合的过程，如下图所示。推荐大家去看Romain Trystram的建筑插画会更有启发。

- 上图❸（主体）：汽车上的头像是系统默认，因为该应用是通过微信进入，所以最终头像会置入用户头像。这里的主体以快速点击为交互动作，产生的动效不宜过大，所以利用PS的GIF动画3帧渐变来完成效果。

- 上图❹（跳转按钮）：因为页面没有设置滚动，所以在一屏下需要有"查看活动规则"和"查看奖品列"的入口。红色按钮"帮他获得大奖"是最初进入游戏的地方，颜色与功能按钮做了区分。

- 上图❺（游戏进度）：进度条可以清晰知道自己的参赛结果和朋友们助力比赛的进度。灰色部分为未完成状态。具体页面顺序如下图所示。

上图❶参与游戏，上图❷倒计时10秒，上图❸游戏过程，上图❹完成并分享，上图❺朋友点击链接参与界面，上图❻助力完成不可进入页面。总结：小游戏目的是为了让更多用户参与租车形式，车主赚钱，租客实惠，达到共赢的目的，游戏因为操作简单所以设定时间不长。活动赶在初夏气候宜人、不冷不热的时间点，进而从推广的角度更容易吸引用户参与。

5
PART

行业围观

附录　设计师作品整理集

学生作品选登

　　以下为作品作者名称，排名不分先后，感谢各位在UI事业上的努力，祝大家前程似锦。

　　大V、三三、阿藕Aou、Lynn、陈晓婷、张帆、Physconia、Patrick、アカ、Momo、香蕉不啦啦、叶思玮、小马哥、梁小暖、颜红红、星仔、Colorful、PP酱、西葫、Air、大虫子、Rosia、帅聪明、王青青等同学，在此对大家表示感谢。

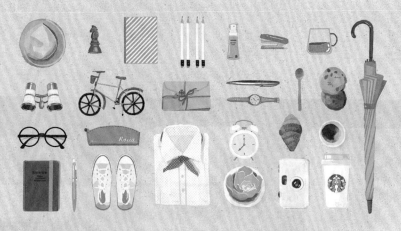

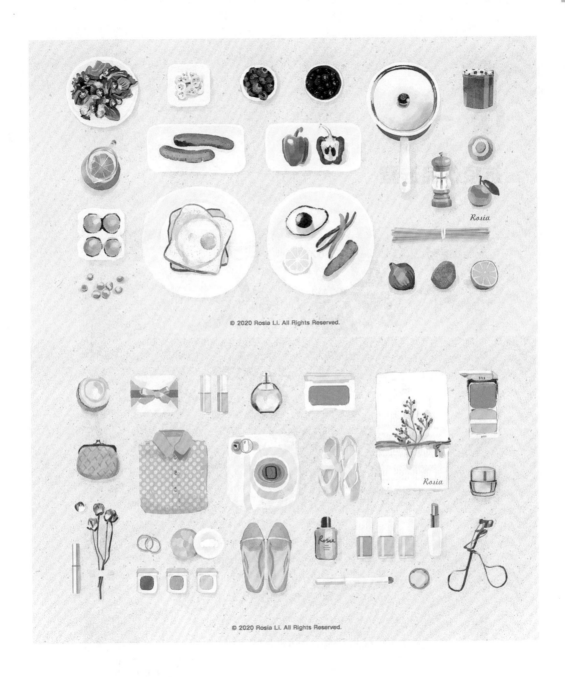

THANK YOU

Have a nice day.

作者：Rosia
站酷：https://www.zcool.com.cn/u/1281397

抗疫作品选登

UI 设计师面试宝典

基础问题

1. 请你先简单地自我介绍。

包括：学历，是否有美术功底，是否有工作经验。

2. 为什么离职，为什么离开上一家公司？

目的：想知道你是不是对工作不负责任的人。

3. 浅谈自己的作品偏什么风格。

目的：是否热爱学习，学习的知识面是否够广。

4. 说出一个最喜欢的App，评价优缺点。

目的：从品牌出发聊你对交互产品的理解。

5. 为什么选择我们公司，有哪些优势？

6. 你觉得什么是UI设计？

7. 平时获取资讯信息的渠道？

8. 了解我们的产品后，使用体验是什么？觉得目标客户是谁？

9. 浅谈职业规划。

目的：积极、乐观、有责任心、能带团队。

10. UI设计师那么多，说一下让我们用你的理由。

目的：提前分析自己特长、擅长、团队需要什么样的人。

11. 你觉得这个App做得怎么样？

目的：考验你的判断力。

12. 你觉得这个官网做得怎么样？如果让你做，你会怎么做？

目的：客观分析，找准方向。

13. 推动一个项目的视觉设计需要多久？

目的：时间把控。

14. 讲一讲你对移动端的了解。

目的：产品与用户的关系。

15. 你认为你的性格特点是什么？在工作中有什么帮助？

16. 作为一名设计，当开发和客户对你的设计理念不赞同，你会怎么处理？

目的：团队意识，先做一个倾听者，再积极沟通。

17. 聊一聊你最喜欢的设计师。

专业问题

1. UI和UE最大的区别在哪里？

UI即User Interface，用户界面，业界一般指的是界面视觉设计。UE即User Experience，用户体验，UE范围最大，不仅包含视觉与交互，研究的对象是用户使用这个产品过程中所有的感受，比如听觉、视觉、触觉、嗅觉、味觉等。

2. 谈谈你对用户体验的理解。

用户体验是产品设计的灵魂职位，通过分析用户心理模型与产品功能需求来设计任务流程，运用交互知识搭建产品的核心架构，设计出产品原型，以最终实现产品的可用、易用与好用。

3. Material Design怎么理解的？

把物理世界的体验带进屏幕。去掉现实中的杂质和随机性，保留其最原始纯净的形态、空间关系、变化与过渡，配合虚拟世界的灵活特性，还原最贴近真实的体验，达到简洁与直观的效果。

4. Material Design三大原则。

（1）运用比喻、鲜明、形象。

（2）深思熟虑。

（3）动效表意。

5. iOS三大设计原则。

（1）清晰——保证界面清晰，指大量留白/颜色简化/系统字体/无边框设计。

（2）遵从——设计跟随内容，充分利用全屏/半透明元素暗示背后内容/减少拟物化设计。

（3）深度——设计跟随内容，3D Touch/半透明浮层/条目层级/转场层级。

6. 谈谈艺术和设计的区别。

设计是艺术的一部分，艺术来源于生活同时又高于生活，艺术是欣赏层次的，商业性质没有那么强。但是设计是带有商业目的的。

7. 手持设备中，一般有7种触屏手势，是哪7种？

轻点，长按，拖曳，快速拖曳，双击，多点触控，双指长按。

8. 软件图标一共有多少种是比较常见的尺寸？

64像素×64像素，32像素×32像素，24像素×24像素，16像素×16像素。

9. 图形设计中，什么是比较关键的设计要素？

色调、风格、界面、窗口、图标、皮肤。

10. Android的图标设计中，要求图标应该是什么样子的？

表达含义准确，符合时下流行元素，二维前视图，顶光源，几何外形。

11. 在Android设计中72、48、36的图标安全范围应该是多少？

60、40、30（如果72的图标单位px、那么回答的安全范围就是60像素~72像素）。

12. 手机的控制按钮，原则上是在什么样的范围内设计？

在手指的大拇指可控制的范围内设计。

13. 虚拟键盘的设计，应该是怎么样去设计？

保留良好的按键间隔，保证手指触点不要出现误操作。

14. 手机的退出方式，一般情况下会提供两种，是哪两种方式？

一种是完全退出，返回初始界面；一种是一层一层地退出。

15. 手机的界面应该是怎么样去设计的？

清晰明了，并且允许用户自己定制界面。

16. 图标的设计遵循什么样的原则做的设计？

尽量使用真实世界的比喻，和现实生活相符合的图形和内容。

17. 手持设备上，色系应该尽量保持多少个色系？

最好保持在5个色系范围内，相似的颜色不作为计算。

18. 手机界面上，尽量少用哪两种颜色色彩？

红色和绿色。

19. Android的初始界面特征是什么？

一个大图标展示时间。下面有4个小图标。

20. 手机的提醒模式一般有几种？最新的模式是什么样的设计？

声音提示，振动提示，声音加振动提示，静音模式。最新的模式是飞行模式。

21. 回答界面设计里面的规范字体的所有内容。

宋体，12像素，效果无的矢量字体。字间距是0，行间距是自动。

22. 网页色彩设计的原则。

（1）网页色彩要有鲜明性。

（2）网页色彩要有独特性。

（3）网页色彩要有针对性。

（4）网页色彩要有相关性。

23. 简述网站的优势。

（1）个人有了网站，可以收集整理资料，展示个性才能，促进人际和社会的了解和沟通，便于娱乐爱好或者事业的铺展。

（2）企业有了网站，可以展示产品服务，宣传企业形象，促进业务发展，加强客户和消费者沟通，实现网上或网下的赢利收益。

（3）政府有了网站，可以实时政策宣传，政府相关信息，收集整理民意，树立政府权威形象。

24. 网站设计中应注意的原则？

（1）明确建立网站的目标和用户需求。

（2）总体设计方案主题鲜明。

（3）网站的版式设计。

（4）色彩在网页设计中的作用。

（5）网页形式与内容相统一。

25. 字体设计追寻的原则。

（1）文字的适合性。

（2）文字的可识性。

（3）文字的视觉美感。

（4）在设计上要富于创造性。

26. 色彩总的应用原则应该是什么？

总体协调，局部对比。

优秀设计师作品集

- https://www.zcool.com.cn/work/ZMzkzMTQ0NDg=.html

- https://www.zcool.com.cn/u/17637571#tab_anchor

- https://www.zcool.com.cn/work/ZMzg0NzE5Mjg=.html

- https://www.zcool.com.cn/work/ZNDE3NjI4ODA=.html

- https://www.zcool.com.cn/u/1281397

UI 插画设计资源

优秀设计网站

部分设计网站个别时间无法访问，可以稍后再试。

设计类

- https://huaban.com/home/

- https://www.zcool.com.cn/

- https://www.hellofont.cn/

- https://dribbble.com/

- https://www.behance.net/

- http://www.fubiz.net/

- https://www.boredpanda.com/

- https://s.muz.li/N2M1Nml4ZmMy

- https://material.io/

- https://www.designspiration.com/

素材类

- https://www.uplabs.com/

- https://www.freepik.com/

- https://www.quanjing.com/

- https://coolors.co/

壁纸类

- https://unsplash.com/

- https://www.pexels.com/

- https://500px.com/